KB241242

집에서 즐기는

와인과
요리

★ 이 요리책에 쓰인 계량은 1컵은 200ml, 1큰술은 15ml, 1작은술은 5ml입니다.

좋은 사람과 행복한 순간을 와인과 요리로 함께 즐긴다!

집에서 즐기는
와인과 요리

이보은 지음
와인 자문 및 협조 **금양인터내셔날**(마케팅 전략부)

21세기북스

어머, 반가워요.
우리 밥 한번 같이 먹어요.

오랜만이지요? 언제 한잔해요.
오랜 지기를 만나
일로 아는 지인을 만나
반갑게 손 내밀며 인사를 청합니다.

밥을 함께 먹으면서,
술 한잔 같이 마시며,
이야기꽃을 피우면서,
좋은 사람과의 만남에 의미를 부여해 봅니다.
그들과 보내는 즐거운 시간,
함께하는 맛있는 식사,
풍요로워지는 마음. 이 모든 것이 우리네 사는 모습이지요.
그래서 행복한 만남의 중심에 있는 와인과 가장 잘 어울리는 음식을 조합해보았습니다.

특별하게 와인을 고르는 법칙은 없지만, 음식을 맛있게 먹을 수 있는 매개체라는 점에서
와인과 음식 마리아주(궁합)는 아주 중요합니다.
하지만 저는 음식과 와인이 꼭 맞아야 한다는 마리아주 개념까지 가는 것은 버리고 싶습니다.
그건 단지 둘만의 조화이며 요리나 와인은 도구나 수단일 뿐이니까요.

향이 좋은 와인과 맛있는 음식, 그리고 좋은 분위기, 좋은 사람들,
이 모든 것들이 조화로울 때 우린 행복을 느끼고 그 행복에 취해 와인을 마시기 때문입니다.
와인에 대한 지식이 전문적이지 않기에 더 많이 고민하고,
더 열정적으로 공부하여 와인 전문가의 손길도 엮어서 만든 공들인 책이 바로 여기 있습니다.

이 책에는 집에서 후다닥 준비해서 가볍게 즐기는 안주부터 손님 초대상에
우아하게 내놓을 수 있는 스페셜 안주까지 손쉽게 따라 할 수 있는 레시피로 준비했답니다.
와인 한 잔, 근사한 요리 한 접시에 작은 행복을 담아 많은 사람들이 누리길 바랍니다.
또한 요리가 와인과의 만남을 즐겁게 하고 그 즐거움을 더욱 깊게 맛 보았으면 하는 바람입니다.

따사로운 햇볕이 좋은 쿡피아 쿠킹스튜디오에서
요리연구가 이보은

CONTENTS

Prologue · 4
와인과 어울리는 식재료 · 10
와인 도구 · 12
와인과 소품 · 13
와인과 요리의 마리아주 · 14

Part.01 가벼운 안주 요리

포테이토포테이토 · 18
구운 소시지와 치즈딥 · 20
구운 토마토어니언 · 22
캐슈너트와 잔멸치 · 24
게살땅콩버터샐러드 · 25
방울토마토살사소스와 나초 · 26
과일치즈샐러드 · 28
새우 쉬프림 · 30
브리엘치즈와 방울토마토구이 · 32
감자칩과 고구마칩 · 34
콘버터구이 · 36
버섯치즈오믈렛 · 38
그린홍합 채소오븐구이 · 40
바나나레몬타르트 · 42
치즈퐁듀 · 44

오렌지 파스타그라탱 · 46
애플 에그크레이프 · 48
케사디야 · 50
마카로니 미니그라탱 · 52
토마토브루스케타 · 54
굴갈릭커틀릿 · 56
멕시코풍 칠리토르티야 · 58
발사믹토마토졸임 · 60
멜론프로슈토 · 61
가자미뮤니엘 · 62
애플시나몬구이 · 64
모차렐라치즈 페퍼커틀릿 · 66
발사믹소스 모둠채소구이 · 68
베이비립과 어니언살사소스 · 70
파인애플로스트햄 · 72

Part.02 카나페 & 핑거푸드

양송이버섯 날치알오븐구이카나페 · 76

게살크림페이스트카나페 · 78

웰빙버섯볶음 두부카나페 · 80

고기소보로카나페 · 82

코코넛 새우카나페 · 84

까망베르치즈 잡곡빵카나페 · 85

소시지 양송이버섯카나페 · 86

연어카나페 · 88

케이퍼 새우카나페 · 90

아스파라거스 베이컨말이 · 92

새우꼬치튀김 · 94

두부올리브꼬치 · 96

베이컨햄샌드 · 98

햄치즈카나페 · 99

라이스페이퍼 치킨롤 · 100

허브연어구이꼬치 · 102

튜나볼 · 104

에그오드볼 · 106

올리브치즈말이 · 108

너트크림치즈와 크래커 · 109

싹채소 살라미말이 · 110

슬라이스 햄과 파프리카말이 · 112

핑거휘시와 파인애플타르소스 · 114

Part.03 한식 · 별미 요리

갈비찜 · 118

배소스 너비아니 · 120

유자소스 삼치 · 122

미니녹두전 · 124

삼겹살튀김강정 · 126

허브홍합찜 · 128

베이컨 마늘종말이 · 130

갈릭젤리와 갈릭칩 · 132

등심구이와 당면샐러드 · 133

구운 불고기꼬치 · 134

고기소 새송이버섯구이 · 136

훈제연어 꽃말이냉채 · 138

LA갈비구이 · 140

레몬문어초회 · 142

양송이버섯 소시지대파구이 · 144

해물파전 · 146

골뱅이무침과 소면 · 148

바삭두부샌드 · 150

오징어링 채소전꼬치 · 152

와인삼겹살구이와 묵은지쌈 · 154

Part.04　　**스페셜 안주 요리**

갈릭 콜파스타 · 158

타이식 쌀국수볶음 · 160

샤부채소말이와 땅콩파인소스 · 162

치킨데리야키 · 164

호박 해물스튜 · 166

꽁치갈릭바게트 · 168

닭안심꼬치 버터구이 · 169

인도식 커리소스와 차파티 · 170

새우살크림라비올리 · 172

장어구이스시롤 · 174

새우 패주라이스 · 175

통연어스테이크와 키위소스 · 176

중화풍 볶음밥 · 178

애플퓨레와 돼지고기오븐구이 · 180

채소볶음 매운참치 · 182

미트 토마토소스스파게티 · 184

훈제오리와 과일샐러드 · 186

브로콜리 레몬치킨구이 · 188

타이식 치킨샐러드 · 190

감자수프와 고기채바게트구이 · 192

쇠고기다타키 · 194

연어페이퍼롤 · 196

참치페퍼다타키 · 198

해물마리네이드 · 200

삼치살꼬치튀김과 레디쉬샐러드 · 202

중화풍 두부버섯볶음 · 204

버섯스테이크말이꼬치 · 206

인덱스 · 207

와인과 어울리는 식재료

시판하는 캔 제품과 소면

와인을 집에서 간단하게 즐기는 사람들이 많다. 굳이 근사한 레스토랑 메뉴가 아니더라도 시판하는 골뱅이, 참치 등으로 후다닥 맛있는 안주를 만들 수 있다. 치즈와 와인만 찰떡궁합이 아니라 골뱅이무침 소면과 골뱅이굴소스조림 등의 안주에도 와인이 무난하게 잘 어울린다.

시판 드레싱

시판하는 드레싱으로 와인 안주의 깔끔한 맛을 즉석에서 나타낼 수 있어 무척 간편하다. 신선한 야채에 뿌리기만 하면 되는데 야채뿐 아니라 생선, 육류 등 다양한 재료와 어울린다. 특히 머스터드가 들어간 프렌치 디종 머스터드 드레싱은 카나페를 만들 때 아주 유용하다.

다양한 수프

와인을 마실 때 수프를 함께 내면 빈 속을 달래주어 와인의 맛을 더욱 진하게 느낄 수 있다. 특히 부드러운 수프 종류는 바게트, 베이글, 저염 비스킷 등을 함께 찍어 먹을 수 있어 좋다.

올리브유, 포도씨유

와인의 대표적인 안주감으로 샐러드를 꼽을 수 있다. 특히 부드러운 포도씨유, 엑스트라 버진 올리브유로 만든 샐러드드레싱은 재료의 맛을 한결 산뜻하게 해줄 뿐 아니라 생생한 고유의 질감을 잘 드러낸다. 카나페 소스를 만들 때, 샐러드드레싱을 만들 때, 즉석 무침을 할 때, 커틀릿 등을 튀길 때, 그라탱 등의 양념을 할 때에도 다양하게 쓰인다.

임실치즈

우리나라에서 만드는 치즈도 와인과 함께 곁들이면 좋은데 김치가 들어간 치즈, 양파 향과 맛이 나는 치즈 등 다양한 치즈가 개발되어 신토불이 안주감으로 인기가 높다.

다양한 치즈

와인하면 떠오르는 대표적인 안주가 바로 치즈이다. 까망베르, 브릿치즈 등은 드라이한 맛의 레드와인과 잘 어울리고 에멘탈, 그뤼에르 등은 가벼운 레드와인 또는 화이트와인과 어울린다. 안주로 낼 때에는 다양한 맛의 치즈를 골고루 내는 것이 좋다. 향이 진하고 독특한 치즈에 평범한 맛을 지닌 치즈를 종류별로 2~3가지 섞어 어울리게 내는데, 사과, 배, 복숭아, 블루베리 등 치즈와 함께 먹으면 맛을 상승시켜주는 과일을 곁들여 내도 좋다.

훈제오리 가슴살페퍼와 덕 쿡크드햄

오리 가슴살에 후추를 듬뿍 넣어 훈연시킨 제품이라 와인의 풍미와 잘 어울린다. 삼백초 오리로 만든 가공식품 덕 쿡크드햄은 얄팍하게 슬라이스해서 카나페, 햄말이 등의 간단한 와인 안주 요리를 만드는 데에 주로 쓰인다.

덕김치소시지

김치와 오리고기를 이용해서 만든 소시지라 우리나라 사람들의 입맛에 잘 맞는 안주이다. 특히 와인과 함께 먹었을 때 와인의 진한 풍미를 느끼게 해주면서 뒷맛이 깔끔하다.

살라미, 수제 햄

와인 안주로 대표적인 것이 바로 살라미와 수제 햄이다. 독특한 맛과 향이 뛰어나 와인과 궁합이 가장 잘 맞는 안주로 많이 사용되고 있다.

치즈맛 오리육포

와인과 간단하게 먹는 안주로 육포를 꼽을 수 있다. 치즈맛이 나는 오리육포는 어떤 와인과도 잘 어울리는 안주감이다.

그린키위, 골드키위

와인과 상큼한 키위는 최상의 궁합이라고 할 수 있다. 특히 드라이한 와인에 곁들이는 키위로 만든 카나페는 와인의 맛을 더욱 진하게 음미할 수 있도록 하는 안주감이다. 비타민이 풍부하고 새콤달콤한 맛을 가지고 있는 키위는 와인 안주의 무한 도전을 가능하게 한다.

견과류

호두, 땅콩, 잣, 아몬드, 캐슈너트 등의 고소하고 담백한 맛이 와인과 궁합이 잘 맞는다. 크림치즈 등을 곁들여 먹으면 더욱 맛이 좋다. 다른 안주가 없더라도 다양한 견과류를 오목한 볼에 3~4가지 함께 담아 준비하는 것도 좋은 방법이다.

다양한 허브

바질, 타임, 로즈메리, 애플민트 등의 허브는 와인과 즐기는 안주의 향과 맛을 한결 깔끔하게 해주는 향신으로 주로 쓰인다. 안주로 쓰이는 재료의 잡내 등을 없애줌으로써 와인 본래의 맛을 선명하게 느낄 수 있다.

wine

와인도구

트릴로기 기프트 세트(메탈)와 테이블 모델

스크류풀의 특장점인 특수 날커팅과 코팅 처리된 스크류와 간편한 동작의 특성을 그대로 보여주는 모델이다. 트릴로기 기프트 세트는 메탈로 되어 있어 고급스러움을 더했다. 빨간색 레드볼은 스크류의 움직임을 쉽게 식별하게 한다. 테이블 모델은 가장 기본적인 디자인으로, 스크류풀의 기본 원리를 이용하여 간편하게 와인을 오픈하는 제품이다. 와인 애호가에서 전문 소믈리에까지 선호하는, 세계에서 가장 사랑 받는 와인 오프너 브랜드이다.

레버모델 이노베이션

스크류풀의 프리미엄 라인 레버모델 중 가장 최신 모델로, 이름 그대로 이노베이션한 제품이다. 획기적인 아이디어로 간편하고 손쉽게 와인을 오픈할 수 있다. 레버 한 번으로 힘들이지 않고 와인이 오픈되며, 스탠드로 전시효과도 있다.

코르크 스크루와 와인코르크

코르크 스크루는 와인 전용 따개로 코르크를 따기 위해 이용한다. 가장 기본적인 T자형 코르크 스크루부터 와인 바에서 사용하는 전문가용까지 다양한 종류의 코르크 스크루와 와인코르크가 있다.

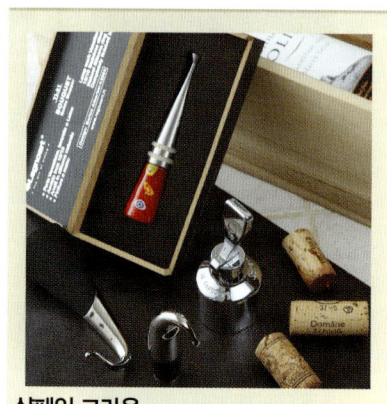

샴페인 크라운

샴페인 스타퍼로 깔끔하고 고급스러운 마감이 특징. 밀착형으로 되어 있어 오픈 후 보관 시에 사용한다.

디캔터

와인이 오래될수록 타닌이라는 성분이 생기는데 이는 와인의 맛을 텁텁하고 시큼하게 한다. 디캔터는 와인을 잠시 담아두는 용기로 와인의 침전물을 걸러내고 좋지 않은 휘발성 향을 증발시켜 부드럽고 맑게 만들어주는 역할을 한다.

와인 셀러

와인 셀러는 와인을 보관하는 저장시설을 뜻하는데 요즘은 인기 있는 주방용품으로 자리 잡았다. 제품은 LT의 칠랭에칠린느 와인 셀러로 4가지 테마에 따른 사랑(8병), 아름답다(12병), 열정(18병), 기쁨(20병)의 스타일리쉬한 디자인이 인기다. 사용이 쉽고 간편하며 일정한 온도를 유지함으로써 와인 고유의 맛을 완벽하게 지켜준다.

와인과 소품

와인과 와인 글라스

와인 글라스라고 다 같은 것은 아니다.
레드와인, 화이트와인, 스파클링와인 등 와인에 따라 마시는 글라스가 각각 다르다.
레드와인 글라스는 와인이 담겼을 때 표면적도 넓고 잔을 기울였을 때 와인이
입 안으로 넓게 들어와 레드와인 특유의 향을 깊게 느끼도록 한다.
그래서 레드와인 글라스는 화이트와인 글라스보다 폭이 깊고 넓다.
화이트와인 글라스는 지름이 작고 와인이 담겼을 때 레드와인보다 표면적이 좁은데
화이트와인을 마셨을 때 상큼한 신맛을 덜 느끼도록 하기 위해서다.
스파클링와인 글라스는 일반 와인 글라스보다 깊이가 있고 길다.
스파클링와인을 따랐을 때 거품이 솟아오르는 모습이 보이도록 하려는 것이다.
좁고 긴 잔에서 생기는 작은 거품은 스파클링의 톡 쏘는 맛을 한결 상큼하게 한다.

와인과 꽃

짙고 그윽한 향이 좋은 와인은 그것만으로도 분위기를 충분하게 연출하지만
다양한 모양으로 꽂은 센터피스는 와인의 분위기는 물론
맛도 좋게 하는 사이좋은 친구기도 하다.
장미 한 송이만 꽂은 투명 유리잔,
이름 모를 들꽃을 다발로 만들어 툭 던져 놓은 둥근 유리 화기,
돌돌 말아 놓은 엽란에 두 송이 정도 묶어 모양을 낸 카라 등
와인과 특별히 어울리고 어울리지 않는 꽃은 세상에 감히 없다고 할 수 있다.
그만큼 와인과 분위기를 가장 잘 맞춰주는 도구가 바로 꽃이다.

와인과 어울리는 식기의 세팅

화려한 금장식의 식기나 유명 명품 식기라도 와인과 어울리는 세팅이나 분위기에 맞
추어 놓을 때 더욱 빛이 난다.
소복한 항아리 뚜껑에 담아 놓은 샐러드,
투박한 접시 위에 푸짐하게 썰어 놓은 고기패치가
어떤 유리그릇, 식기보다 잘 어울리는 이유도 그 때문이다.
또한 와인과 어울리는 음식의 담음새는 주인의 마음이 그대로 담긴 정성이다.
정갈하게 깔아 놓은 냅킨 한 장에 와인과 음식을 내놓은 사람의 마음이 그대로 표현
된다.

와인과 요리의 마리아주

와인은 본연의 맛에서도 다양함을 느낄 수 있지만 뛰어난 궁합을 보이는 음식과 함께 할 때 비로소 빛을 발한다. 와인과 음식의 궁합을 '마리아주'(marriage)라고 일컫는데, 와인의 종류가 하늘의 별만큼 많기 때문에 다양한 음식 매칭이 가능하다. 최근에는 한국 음식도 와인 안주와 요리로 많이 선보이고 있는데, 짠맛을 조금 줄이고 담백한 양념을 가미하면 대부분의 와인과 잘 어울린다.

와인과 음식 매칭에 있어서 '생선은 화이트와인, 육류는 레드와인' 이라는 것쯤은 대부분 알고 있는데 이렇게 구분해 놓은 데에는 그럴 만한 이유가 있다. 생선회에 레몬즙을 짜서 먹는 것과 같은 이치로 화이트와인에 들어 있는 산(acids)은 생선의 향을 더욱 좋게 한다. 또 레드와인의 맛을 내는 것은 타닌으로, 이것은 타닌은 육류의 지방질을 중화시키는 작용을 한다. 굳이 얽매일 필요는 없지만 음식의 소스에 따라 같은 재료라도 다른 맛을 내기 때문에 소스가 곁들여진 요리라면 소스에 중점을 두고 와인을 고르면 좋다.

음식에 어울리는 와인을 고르기 전, 무엇보다 중요하게 고려할 것은 각 음식과 와인이 가진 농도와 성질, 그리고 질감이다. 음식 재료를 기본으로 완성된 음식의 '느낌'을 생각하며 선택하는 것이 중요하다. 이 요소 중 하나라도 삐죽 튀어나온다면 그 음식과 와인의 조화는 실패하게 될 것이고, 차라리 따로따로 즐기는 것이 한층 더 효과가 있을지도 모른다.

달콤한 와인과 단맛이 느껴지는 음식은 좋은 매칭이 될 수 있다. 단, 곁들이는 음식보다 당도가 더 높은 와인으로 준비해야 와인 맛이 죽지 않는다. 화이트와인의 대표적인 신맛은 짠맛이 느껴지는 음식에 함께 매칭하는 것이 대부분이다. 알코올 도수가 높아 바디감이 있는 힘찬 와인들은 향도 풍부해서 섬세한 음식의 맛과 향을 압도해버릴 수 있기 때문에 피하는 것이 좋다. 반면, 단맛의 음식과는 적절한 조화를 기대해 볼 만하다.

와인과 음식 매칭을 위한 몇 가지 팁을 알아보자. 붉은 육류에는 레드와인, 흰색 육류나 생선에는 화이트와인이라는 공식에서 벗어나 요리에 사용된 양념과 조리방법에 맞추어 와인을 선택하면 된다.

· 전류 등의 튀김 요리는 버블이 있고 산도가 높은 와인(피노 그리지오, 쇼비뇽 블랑, 산도 있는 샤르도네)과 잘 어울린다.
· 좀 더 짠 음식(된장찌개, 여러 가지 반찬)에는 음식의 염분을 반감시키는 밝고 상큼한 신맛(피노 그리지오, 쇼비뇽 블랑, 산도 있는 샤르도네)이 필요하다.
· 해산물 요리, 맑고 매운 국, 달콤하면서도 신맛이 나는 소스가 들어간 요리에는 리즐링이나 슈냉 블랑이 잘 어울린다. 이런 와인의 가볍고 시큼한 맛과 부드럽고 드라이한 질감은 요리가 가진 맛 또는 질감과 균형을 이룰 수 있다. 쇼비뇽 블랑과 피노 그리지오도 음식의 맛을 부각시키면서 그 맛을 죽이지 않기 때문에 좋은 짝이 된다.
· 견과류가 듬뿍 들어간 음식이나 고소한 맛이 나는 음식은 오크향이 강한 샤르도네나 비오니에 와인은 함께하면 좋다. 두부나 콩으로 만든 요리도 잘 어울린다.
· 불고기와 갈비에는 강한 레드와인이나 약간 스위트하거나 스모키한 오크 숙성 샤르도네가 좋다.
· 강한 맛이 나는 허브로 양념한 요리는 쇼비뇽 블랑처럼 허브의 느낌을 직설적으로 전달하는 와인이나 숙성 기간이 짧고 가벼운 까베르네 쇼비뇽 또는 메를로와 상호 보완을 이루기도 한다.
· 고추 양념이나 김치 등의 재료가 듬뿍 들어간 요리에는 리즐링, 비오니에, 화이트 진판델처럼 과일과 향신료의 맛이 나고 다소 달콤한 기운까지 느껴지는 와인을 고르는 것이 좋다.
· 순두부찌개처럼 맛이 진하고 걸쭉한 양념이 들어간 요리에는 요리의 맛에 눌리지 않고 제맛을 낼 수 있을 만큼 진한 와인이 좋다. 칠레나 아르헨티나, 호주 등의 신대륙 레드와인이 그에 속한다.

MATCHING WINE

블루넌 화이트
상쾌하면서 가볍고 살짝 달콤한 맛이 감자구이의 담백하고 고소한 맛을 돋군다.
원산지 독일
빈티지 2006년
가격 13,500원
WINE STYLE
DRY ★★★☆☆SWEET

MATCHING WINE 보는 법

요리와 매칭되어 선정된 와인은 마트나 백화점에서 손쉽게 구입할 수 있는 5만 원대 이하의 제품으로 금양인터내셔날에서 수입하고 있는 와인입니다. 원산지에서 대표되는 와인을 선정하였으며 요리와 가장 잘 어울리는 와인들을 매칭하였습니다.

빈티지는 와인에 사용된 포도의 수확 년도를 뜻하며, 같은 와인이라도 빈티지가 다를 수 있습니다. NV는 따로 구별되지 않는다는 의미입니다.

가격은 시중에서 판매되고 있는 소비자 가격입니다.

WINE STYLE은 와인의 당도를 나타내주는 표시로 검은별의 개수에 따라 맛이 달라집니다.
1:드라이 / 3:세미 드라이 혹은 세미 스위트 / 5:스위트

가벼운 안주 요리

Part 01

포테이토포테이토

🍷 READY

감자 ·	4개
말린 바질 · · · · · · · · · · · · · · · · ·	1작은술
다진 파슬리가루 · · · · · · · · · · · · ·	1작은술
생로즈메리 · · · · · · · · · · · · · · · ·	약간
구운 소금 · · · · · · · · · · · · · · · · ·	1/4작은술
굵게 빻은 통후추 · · · · · · · · · · ·	1/4작은술
포도씨유 · · · · · · · · · · · · · · · · ·	1+1/2큰술
물 ·	2컵

🍷 RECIPE

1 감자는 껍질째 씻어 세로로 길게 8등분한다.

2 냄비에 물을 2컵 정도 붓고 끓인 후 ①의 감자를 애벌로 삶아 건진다.

3 물기를 뺀 감자에 말린 바질과 다진 파슬리가루, 생로즈메리, 포도씨유를 버무려 허브의 맛이 배도록 20분 정도 재운다.

4 ③에 구운 소금과 굵게 빻은 통후추를 고루 뿌려 160℃로 예열한 오븐에 넣고 앞뒤로 뒤집어 가면서 20분 정도 구워낸다.

POINT

감자를 생것인 채로 오븐에 넣으면 오래 구워야 하므로 겉면이 타면서 딱딱해지기 쉽다. 먼저 애벌로 끓는 물에 삶고 난 후 허브로 밑간을 해야 감자에 은은한 허브의 향이 배고 오븐에서 쫀득하게 익혀진다.

MATCHING WINE

블루넌 화이트

상쾌하면서 가볍고 살짝 달콤한 맛이 감자구이의 담백하고 고소한 맛을 돋군다.
원산지 독일
빈티지 2006년
가격 13,500원
WINE STYLE
DRY ★★★☆☆ SWEET

구운 소시지와 치즈딥

🍖 READY

수제 소시지	6개
레드와인	5큰술
통후추	10알
마늘가루	1작은술
올리브유	2큰술
레디쉬 · 소금	약간씩

치즈딥

크림치즈	2큰술
다진 양파	1큰술
다진 아몬드	1큰술
마요네즈	2큰술
머스터드	1큰술
소금	약간

🍖 RECIPE

1 수제 소시지는 흐르는 물에 씻어 기름기를 제거하고 키친타월로 말끔하게 물기를 닦은 후 칼 집을 여러 번 낸다.

2 넓은 접시에 소시지를 담아 레드와인과 곱게 빻은 통후추, 마늘가루, 올리브유를 뿌려 밑간한다.

3 예열된 180℃의 오븐에 소시지를 넣고 15분 정도 노릇하게 구워낸다.

4 다진 양파와 다진 아몬드에 크림치즈, 마요네즈, 머스터드를 넣어 고루 섞은 후 소금을 약간 넣어 간을 맞춰 치즈딥을 만든다.

5 구운 소시지는 적당하게 썰어 접시에 담고 레디쉬를 얄팍하게 슬라이스해서 곁들여 치즈딥과 함께 낸다.

POINT

수제 소시지에 레드와인을 뿌려 재우면 소시지의 잡내가 없어지고 구울 때 풍미가 좋다. 특히 마늘가루를 뿌리면 소시지의 맛과 향을 더욱 진하게 하면서 감칠맛 있는 육질을 나타내준다. 또 통후추는 곱게 갈아 쓰는 것이 일반적인데 소시지를 재울 때에는 칼로 굵게 다져 입자가 그대로 씹히도록 뿌려야 소시지의 질감이 더욱 맛있게 드러난다.

MATCHING WINE

트리오 메를로
진한 소시지구이와 치즈딥의 맛을 깊으면서도 적당한 산도를 갖춘 와인이 부드럽게 감싸준다.
원산지 칠레
빈티지 2006년
가격 32,000원
WINE STYLE
DRY ★★☆☆☆ SWEET

1

2-3

4

5

구운 토마토어니언

🍷 READY

토마토 ·	2개
양파 ·	1개
적양파 ·	1개
다진 바질 · · · · · · · · · · · · · · · · ·	1작은술
유기농 올리브유 · · · · · · · · · · ·	2큰술
구운 소금 · · · · · · · · · · · · · · · ·	1/4작은술

🍷 RECIPE

1 토마토는 깨끗이 씻어 꼭지를 떼어내고 가로로 1cm 두께로 저며 썬다.

2 양파와 적양파는 토마토와 같은 크기로 동그랗게 가로로 저며 썬다.

3 넓은 접시에 토마토와 양파, 적양파를 담고 다진 바질을 뿌린 후 유기농 올리브유를 고루 뿌려 10분 정도 재운다.

4 팬을 뜨겁게 달군 후에 약한 불로 줄여 토마토와 양파, 적양파를 앞뒤로 노릇하게 구워낸다. 구울 때 구운 소금을 약간 뿌려 간을 한다.

POINT

풍미가 있는 다진 바질을 토마토와 양파에 뿌려 잠시 향이 스며들도록 한 후 팬에서 약한 불로 구워낸 것으로 바질의 향이 은은하게 퍼지면서 양파의 단맛이 감돌아 타닌이 강한 레드와인과 아주 잘 어울린다.

MATCHING WINE

간치아 아스티
시원하면서도 살짝 달콤한 와인이 달달한 토마토어니언과 비슷한 느낌을 주면서도 맛을 살린다.
원산지 이탈리아
빈티지 NV
가격 29,500원
WINE STYLE
DRY ★★★☆☆ SWEET

MATCHING FOOD _4

캐슈너트와 잔멸치

READY

캐슈너트 ························ 1/2컵
잔멸치 ··························· 1/2컵
건포도 ························ 5큰술
구운 소금 ···················· 1/4작은술
설탕 ························· 2큰술
통깨 ························· 1큰술
기름 ·························· 약간

RECIPE

1 캐슈너트는 키친타월에 감싸 문질러 겉의 이물질을 없앤다.
2 잔멸치는 마른 팬에 볶아 비린맛을 없앤다.
3 팬에 기름을 두르고 잔멸치와 캐슈너트를 센 불에서 재빨리 볶아낸다.
4 볼에 잔멸치와 캐슈너트, 건포도를 담고 구운 소금과 설탕, 통깨를 넣어 버무려 완성한다.

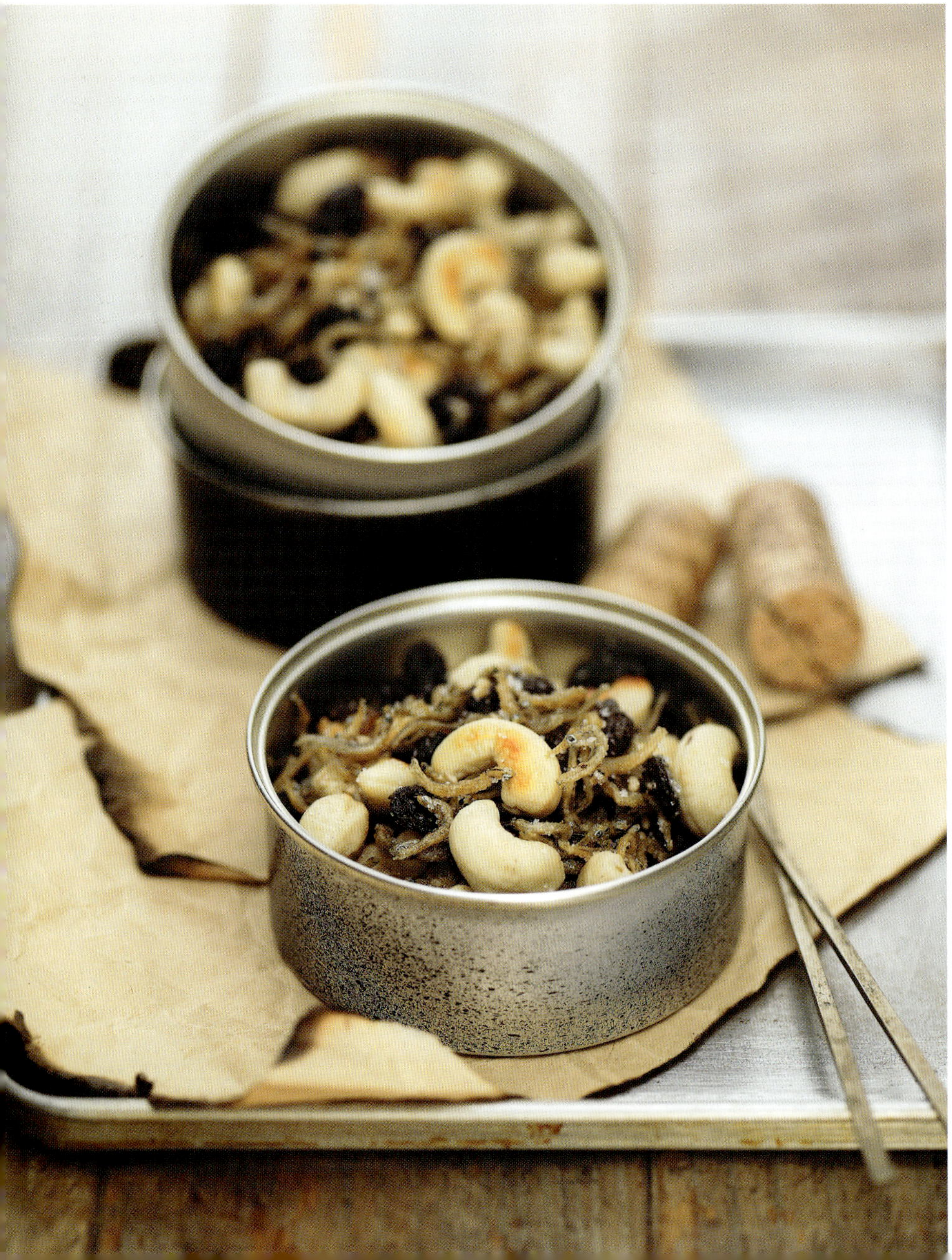

POINT

캐슈너트는 불포화지방산이 풍부해서 심장 질환을 예방하고 미네랄도 풍부해 소화를 도우며 단백질도 풍부한 고단백식품이다. 땅콩처럼 산화가 잘 되지 않아 오래 보관하며 먹을 수 있는 견과류이다.

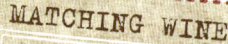

MATCHING WINE

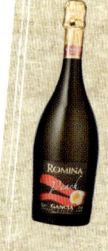

간치아 로미나 피치
복숭아향의 달콤한 화이트와인이 살짝 달콤한 캐슈너트, 담백한 잔멸치와 잘 어울린다.
원산지 이탈리아
빈티지 NV
가격 23,500원
WINE STYLE
DRY★★★☆☆SWEET

MATCHING WINE

**트라피체
오크캐스크 샤르도네**
담백한 요리와 잘 어울리는
오크향이 짙게 감도는 와인이
다.
원산지 아르헨티나
빈티지 2006년
가격 30,000원
WINE STYLE
DRY ★★☆☆☆SWEET

MATCHING FOOD _5
게살땅콩버터샐러드

🥜 READY

크리미(시판 게맛살) · · · · · · · · · · · · 150g
양배추 · · · · · · · · · · · · · · · · · · 5장
적채 · · · · · · · · · · · · · · · · · · · 1장
땅콩버터소스
땅콩버터 · · · · · · · · · · · · · · · · 2큰술
포도씨유 · · · · · · · · · · · · · · · · 1작은술
레몬즙 · · · · · · · · · · · · · · · · · 1작은술
구운 소금 · · · · · · · · · · · · · · · · · 약간

🥜 RECIPE

1 크리미는 결대로 굵게 찢는다.

2 양배추와 적채는 굵은 심지를 도려내고 4cm 길이로 곱게 채 썬다.

3 볼에 땅콩버터와 포도씨유, 레몬즙을 넣고 고루 섞어 구운 소금을 약간 넣어 땅콩버터소스를
  만든다.

4 접시에 게살과 양배추, 적채를 소복하게 담고 ③의 땅콩버터소스로 버무려 먹는다.

POINT

고소한 맛의 땅콩버터는 양배추와 적채의 아삭하지만 거친 질감을 없애주고 게살의 부드
러운 맛은 더욱 살려준다. 특히 저염 비스킷, 나초 등과 함께 버무려 와인 안주를 하면 좋
은데 와인은 되도록 드라이한 것으로 준비한다.

방울토마토살사소스와 나초

🍷 READY

나초 · 100g
방울토마토 · · · · · · · · · · · · · · · · · 10개
토마토홀 · · · · · · · · · · · · · · · · · · · 3큰술
우스터소스 · · · · · · · · · · · · · · · 1작은술
설탕 · 1큰술
다진 마늘 · · · · · · · · · · · · · · · · 1작은술
다진 양파 · · · · · · · · · · · · · · · · · 2큰술
소금 · 후춧가루 · · · · · · · · · · · · · · 약간씩

🍷 RECIPE

1 방울토마토는 꼭지를 떼고 십자 모양으로 칼집을 넣는다.

2 끓는 물에 살짝 데친 후 찬물에 헹군다.

3 데친 방울토마토는 껍질을 벗기고 4등분한다.

4 냄비에 토마토홀과 다진 마늘, 다진 양파를 넣고 볶다가 방울토마토와 우스터소스, 설탕을 넣어 조린 후 소금과 후춧가루로 간을 맞춰서 방울토마토살사소스를 만든다.

5 접시에 나초를 소복하게 담고 방울토마토살사소스를 곁들여 낸다.

POINT

나초와 토마토는 어떤 종류의 와인과도 잘 어울리나 살사소스처럼 새콤달콤한 맛은 드라이한 진한 와인과 궁합이 더 잘 맞는다.

MATCHING WINE

블루넌 돈펠더
매콤달콤한 나초의 맛을 달래주면서 잘 어울리는 달콤한 레드와인이다.
원산지 독일
빈티지 2007년
가격 13,500원
WINE STYLE
DRY ★★★★☆SWEET

과일치즈샐러드

🥢 READY

골드키위 · 1개
토마토 · 1개
올리브 · 4개
모차렐라치즈 · · · · · · · · · · · · · · · 100g

요구르트 녹차소스

가루녹차 · · · · · · · · · · · · · · · · · 1작은술
플레인 요구르트 · · · · · · · · · · · · · 1/2개
마요네즈 · · · · · · · · · · · · · · · · · · · 1큰술
레몬즙 · · · · · · · · · · · · · · · · · · · 1작은술
꿀 · 1작은술
레몬식초 · · · · · · · · · · · · · · · · · 1작은술

🥢 RECIPE

1 골드키위는 껍질을 벗기고 동그란 모양 그대로 1cm 두께로 썬다.

2 올리브는 얇게 슬라이스하고 토마토는 씻어 1cm 두께로 썬다.

3 모차렐라치즈는 부드러운 것으로 준비해서 얄팍하게 슬라이스한다.

4 볼에 가루녹차와 플레인 요구르트를 섞어서 색을 낸 후 마요네즈, 레몬즙, 꿀, 레몬식초를 차례로 넣어 골고루 섞어서 단맛이 나면서도 쌉쌀한 요구르트 녹차소스를 만든 뒤 냉장고에 두어 차게 한다.

5 접시에 토마토, 모차렐라치즈, 키위, 올리브를 일렬로 색상을 살려 담고 차게 준비한 소스를 찍어 먹는다.

POINT

맛이 담백하고 풍미가 있는 모차렐라치즈와 토마토는 전형적으로 와인과 궁합이 잘 맞아서 어떤 와인과 내놓아도 손색이 없다. 특히 모차렐라치즈의 부드러운 질감이 진한 레드와인의 톡 쏘는 듯한 드라이한 맛과 조화를 이루고 토마토와 골드키위의 달달한 감칠맛은 산뜻한 화이트와인과 잘 어울린다.

MATCHING WINE

블루넌 골드에디션
신선한 과일과 잘 맞는 상큼하고 가볍게 달콤하면서 신선한 와인이다.
원산지 독일
빈티지 NV
가격 16,000원
WINE STYLE
DRY ★★★☆☆ SWEET

새우 쉬프림

READY

껍질 벗긴 칵테일새우	20마리
곱게 간 통후추	1작은술
말린 로즈메리	1/4작은술
말린 오레가노	1/4작은술
올리브유	1큰술
코코넛가루	약간

크림치즈소스

크림치즈	3큰술
꿀	1/4작은술
레몬즙	1작은술
마늘가루	1/4작은술

RECIPE

1 칵테일새우는 껍질을 벗긴 것으로 준비해서 물에 헹궈 건진다.

2 ①의 새우에 말린 로즈메리와 곱게 간 통후추, 말린 오레가노, 올리브유를 뿌려서 잠시 재운다.

3 코코넛가루를 넓은 접시에 펼쳐 담고 ②의 새우를 굴려 옷을 입힌 후 150℃로 예열한 오븐에 넣어 10분 정도 구워낸다.

4 크림치즈에 꿀과 레몬즙, 마늘가루를 넣어 골고루 섞어 크림치즈소스를 만든다.

5 구운 새우 쉬프림을 그릇에 돌려 담고 크림치즈소스를 작은 볼에 담아 가운데 올려낸다.

POINT

부드럽게 씹히는 새우의 맛이 코코넛의 달달한 감칠맛과 궁합이 아주 잘 맞는다. 드라이한 레드와인에 잘 어울리는 안주이다.

MATCHING WINE

탓츠 브룻
신선한 새우, 톡 쏘는 후추향, 부드러운 크림소스의 맛을 한데 아우르는 드라이 스파클링 와인이다.
원산지 미국
빈티지 NV
가격 12,000원
WINE STYLE
DRY ★☆☆☆☆SWEET

브리엘치즈와 방울토마토구이

🍷 READY

브리엘치즈 · · · · · · · · · · · · · · · · · · ·	200g
방울토마토 · · · · · · · · · · · · · · · · · · ·	20개
올리브유 · · · · · · · · · · · · · · · · · · ·	2큰술
발사믹비네거 · · · · · · · · · · · · · · · ·	1작은술

🍷 RECIPE

1 방울토마토는 십자 모양으로 위쪽에 칼집을 1/2지점까지 넣는다.

2 ①의 방울토마토에 올리브유와 발사믹비네거를 고루 뿌린다.

3 150℃로 예열한 오븐에 ②의 방울토마토를 넣고 3~5분 정도 구워낸다.

4 브리엘치즈를 먹기 좋은 크기로 썰어 구운 방울토마토를 곁들인다.

POINT

구운 방울토마토의 껍질이 살짝 벗겨진 상태로 올리브유와 발사믹비네거의 맛을 느낄 수 있어 브리엘치즈와 곁들이는 식감이 아주 좋다. 시원한 화이트와인과 궁합이 잘 맞는다.

MATCHING WINE

마르께스 데 까세레스 로사도
가벼운 치즈와 구워서 부드러워진 토마토의 느낌이 상쾌하고 신선한 와인과 잘 어울린다.
원산지 스페인
빈티지 2007년
가격 25,000원
WINE STYLE
DRY ★☆☆☆☆SWEET

감자칩과 고구마칩

🥖 READY

감자 ·	2개
고구마 ·	2개
구운 소금 · 황설탕 · · · · · · · · · · · · ·	약간씩
포도씨유 · · · · · · · · · · · · · · · · · · ·	1컵
구운 소금 · · · · · · · · · · · · · · · · · · ·	1작은술

🥖 RECIPE

1 감자와 고구마는 껍질을 벗기고 아주 얇팍하게 슬라이스한 후 물에 20분 이상 충분하게 담가 전분기를 뺀다.

2 냄비에 물을 붓고 구운 소금을 1작은술 정도 넣고 끓으면 ①의 감자와 고구마를 조금씩 넣어 살짝 데친다.

3 데친 감자와 고구마는 물에 헹구지 말고 그대로 채반에 담아 햇빛에 바짝 말린 후 160℃의 기름에 노릇하게 튀겨낸다. 한꺼번에 튀기면 감자와 고구마에 기름이 배어 바삭하지 않다. 2~3개씩 채반에 담아 기름에 넣어 재빨리 튀겨야 한다.

4 튀긴 감자칩과 고구마칩에 구운 소금과 황설탕을 뿌려서 골고루 섞어 바삭하게 먹는다.

POINT

기름지지 않은 감자칩과 고구마칩은 씹을수록 고소한 맛이 나는 것이 특징이다. 시원한 화이트와인과 단맛이 나는 레드와인에 고루 다 어울린다.

MATCHING WINE

간치아 로미나 피치
고소하고 달콤한 감자칩, 고구마칩과 잘 어울리는 가볍고 부담없는 복숭아향의 와인이다.
원산지 이탈리아
빈티지 NV
가격 23,500원
WINE STYLE
DRY ★★★☆☆SWEET

콘버터구이

🌽 READY
옥수수(통조림) · · · · · · · · · · · · · · · · 1/2캔
양송이버섯 · · · · · · · · · · · · · · · · · · · 4개
청피망 · 1/4개
홍피망 · 1/4개
언 버터 · · · · · · · · · · · · · · · · · 1+1/2큰술
소금 · 흰 후춧가루 · · · · · · · · · · · · · 약간씩
버터 · 1/2작은술

🌽 RECIPE
1 옥수수는 체에 밭쳐 뜨거운 물을 끼얹은 후 물기를 뺀다.
2 양송이버섯은 갓의 껍질을 벗겨 도톰하게 슬라이스한다.
3 청피망과 홍피망은 사방 1cm 크기로 썬다.
4 전자레인지 용기(내열용기)에 버터를 듬뿍 바르고 옥수수와 양송이버섯, 청피망, 홍피망을 섞어서 담는다. 언 버터를 잘게 칼로 다져 뿌린 후 소금과 흰 후춧가루를 뿌려 전자레인지에 3분 정도 가열한다. 중간에 옥수수가 버터에 고루 익도록 한 번 뒤집어 익히면 더욱 맛있고 고소하다.

POINT
쫄깃하게 씹히는 옥수수와 아삭한 피망의 맛이 잘 어울린다. 버터의 풍미가 고소해서 드라이한 레드와인과 궁합이 잘 맞는다.

MATCHING WINE
간치아 아스티
담백하고 달콤한 콘버터구이의 맛에 시원한 느낌을 가미하는 와인이다.
원산지 이탈리아
빈티지 NV
가격 29,500원
WINE STYLE
DRY ★★★☆☆SWEET

버섯치즈오믈렛

🍴 READY

표고버섯 · · · · · · · · · · · · · · · · ·	3장
새송이버섯 · · · · · · · · · · · · · · ·	2개
양파 · · · · · · · · · · · · · · · · · · ·	1/2개
애호박 · · · · · · · · · · · · · · · · · ·	1/4개
슬라이스 체더치즈 · · · · · · · · · · ·	1장
달걀 · · · · · · · · · · · · · · · · · · ·	4개
구운 소금 · 후춧가루 · · · · · · · · ·	약간씩
포도씨유 · · · · · · · · · · · · · · · ·	1+1/2큰술

POINT

버섯과 채소의 풍미가 그대로 나타나는 오믈렛으로 치즈로 감싸 달걀을 입혔기 때문에 더욱 부드러워 드라이한 맛의 와인과 최상의 궁합이다.

🍴 RECIPE

1 표고버섯은 충분히 물에 불려 기둥을 자르고 굵게 다진다. 새송이버섯도 같은 크기로 썬다.

2 양파와 애호박은 같은 크기로 썰고 슬라이스 체더치즈는 약간 냉동된 상태로 잘게 썬다.

3 달걀은 알끈을 제거하고 체에 내려 곱게 푼다.

4 팬에 포도씨유를 두르고 양파→표고버섯→새송이버섯→애호박 순서로 넣어 볶는다. 구운 소금과 후춧가루로 간을 맞춰 나른하게 채소와 버섯이 볶아지면 슬라이스 체더치즈를 넣어 버무린다.

5 팬 한쪽 가장자리에 달걀을 붓고 ④의 채소와 버섯을 한데 버무려 아랫면을 팬의 가장자리에 모양을 잡아 굳힌다.

6 아랫면이 단단하게 익으면 뒤집어 윗면도 모양을 잡아 익혀 오믈렛을 완성한다. 치즈로 버무려 탈 수 있으니 불을 약하게 줄여 익히는 것이 좋다.

MATCHING WINE

선라이즈까르미네르
자칫하면 느끼할 수 있는 요리를 산뜻하게 다듬어 주는 체리향이 가득한 신선한 와인이다.
원산지 칠레
빈티지 2007년
가격 19,000원
WINE STYLE
DRY ★★ ☆☆☆ SWEET

그린홍합 채소오븐구이

🍷 READY

그린홍합 ·	12개
노란색 파프리카 · · · · · · · · · · · · · · ·	1/4개
녹색 파프리카 · · · · · · · · · · · · · · · ·	1/4개
주황색 파프리카 · · · · · · · · · · · · · ·	1/4개
슬라이스 체더치즈 · · · · · · · · · · · · · ·	1장
다진 파슬리가루 · · · · · · · · · · · · · ·	1작은술
시판 오리엔탈소스 · · · · · · · · · · · · ·	3큰술

🍷 RECIPE

1 그린홍합은 실온에서 해동시킨 후 소금물에 헹궈 건져 물기를 뺀다.

2 파프리카는 색깔별로 준비해서 사방 0.5cm 크기로 썬다. 슬라이스 체더치즈도 같은 크기로 자른다.

3 ①의 그린홍합에 시판 오리엔탈소스를 약간씩 뿌리고 파프리카, 슬라이스 체더치즈, 다진 파슬리가루를 고루 뿌린다.

4 150℃로 예열한 오븐에 그린홍합을 넣어 8분 정도 구워낸다.

POINT

쫄깃하게 씹히는 질감이 일품인 그린홍합에 색색의 파프리카로 장식하고 간편하게 시판하는 오리엔탈소스를 뿌려 구워낸 것으로 아삭한 질감의 파프리카와 쫄깃한 맛의 홍합이 와인과 환상궁합이다. 드라이한 와인, 약간 스위트한 와인 모두 잘 어울린다.

MATCHING WINE

알베르비쇼 샤블리
진하고 풍부한 홍합구이의 맛을 잔잔한 산도와 안정적인 꽃향기로 돋구는 와인이다.
원산지 프랑스
빈티지 2006년
가격 50,000원
WINE STYLE
DRY ★☆☆☆☆ SWEET

바나나레몬타르트

🍷 READY

시판 생타르트피 · · · · · · · · · · · · · · · · 12개
바나나 · 4개
레몬 · 1개
달걀흰자 · · · · · · · · · · · · · · · · · · · 3개분
생크림 · 1큰술

🍷 RECIPE

1 생타르트피를 준비한다. 요즘은 제과제빵 재료 판매하는 곳이나 제과점에서 흔하게 구입할 수 있다.

2 바나나는 껍질을 벗기고 동그랗게 저며 썬다. 레몬도 동그랗게 저며 부채꼴로 4등분한다.

3 달걀흰자에 생크림을 넣고 거품을 내서 단단한 머랭을 만든다.

4 타르트피에 바나나와 레몬을 적당하게 얹고 ③의 머랭을 소복하게 올려 150℃로 예열한 오븐에서 20분 정도 노릇하게 구워낸다.

POINT

구운 머랭의 부드러운 맛이 달콤한 바나나와 새콤한 레몬과 잘 어우러져 와인과 곁들였을 때 풍미를 좋게 한다.

MATCHING WINE

간치아 모스카토 다스티
요리의 달콤새콤한 맛에 지지 않는 달콤하고 상큼한 맛을 내는 와인이다.
원산지 이탈리아
빈티지 NV
가격 29,500원
WINE STYLE
DRY ★★★★☆SWEET

치즈퐁듀

▶ READY

화이트와인 · · · · · · · · · · · · · · · · · · 1컵
엠엔탈치즈 · · · · · · · · · · · · · · · · 200g
그루엘치즈 · · · · · · · · · · · · · · · · 100g
바게트 · 50g
양송이버섯 · · · · · · · · · · · · · · · · · 5개
옥수수전분 · · · · · · · · · · · · · · · · 2큰술
마늘즙 · · · · · · · · · · · · · · · · · · · 1작은술
레몬즙 · 약간

▶ RECIPE

1 바게트는 먹기 좋게 적당한 크기로 썰고, 양송이버섯은 갓이 피지 않은 것을 반씩 갈라 준비한다.
2 냄비에 마늘즙을 골고루 바른다.
3 냄비가 적당히 달궈지면 준비한 치즈를 잘게 다져 넣고 옥수수전분과 화이트와인을 넣어 끓인다.
4 걸쭉하게 된 치즈가 뜨거울 때 레몬즙을 약간 넣고 준비된 바게트와 양송이버섯을 치즈에 찍어 먹는다.

POINT

바게트가 치즈와 잘 어울리지만 만약 바게트가 없다면 설탕이 안 들어있는 비스킷을 찍어 먹어도 무방하다. 퐁듀는 프랑스어 '퐁드르'에서 온 말로 긴 꼬챙이에 소스를 찍어먹는다는 뜻이다. 치즈 이외에 고기퐁듀나 바닐라아이스크림퐁듀 등 다채로운 퐁듀 요리가 있다. 냄비에 마늘즙을 골고루 바른 후에 달궈야 치즈를 넣어도 치즈 고유의 냄새를 약간 없앨 수 있다.

MATCHING WINE

미켈레 끼아를로 바르베라 다스티 '레 오르메'
진한 퐁듀의 맛을 살려줄 신선한 산미와 상쾌한 붉은 과일향을 간직한 와인이다.
원산지 이탈리아
빈티지 2005년
가격 35,000원
WINE STYLE
DRY ★★★★☆ SWEET

오렌지 파스타그라탱

🍷 READY

오렌지 ·	1개
브로콜리 · · · · · · · · · · · · · · · · · · ·	100g
파스타(펜네) · · · · · · · · · · · · · · · ·	50g
피자치즈 · · · · · · · · · · · · · · · · · · ·	50g
빵가루 ·	3큰술
다진 파슬리가루 · 소금 · 후춧가루 · · · 약간씩	
올리브유 · · · · · · · · · · · · · · · · · · ·	1큰술

화이트소스

생크림 ·	2큰술
버터 ·	2큰술
밀가루 ·	2큰술
우유 ·	2컵

🍷 RECIPE

1 오렌지는 껍질을 벗겨 과육만 칼을 V자로 대고 컷팅한다.
2 파스타는 펜네 모양으로 준비해서 끓는 물에 약간의 소금을 넣고 올리브유를 한 방울 떨어뜨려 쫄깃하게 삶은 후 체에 밭쳐 물기를 뺀다.
3 브로콜리는 작은 송이로 잘라 ②의 파스타 삶은 물에 데친 후 찬물에 헹궈 물기를 뺀다.
4 팬에 버터를 녹이고 밀가루를 갈색이 나도록 볶은 후 우유와 생크림을 부어 멍울없이 풀어서 화이트소스를 만든다.
5 화이트소스에 오렌지와 브로콜리, 파스타를 넣어 버무린 후 소금과 후춧가루로 간을 해서 내열용기에 담고 피자치즈를 잘게 부셔 빵가루, 다진 파슬리가루와 함께 뿌린다. 예열한 180℃의 오븐에서 10분 정도 노릇하게 구워낸다.

🍷 POINT

상큼한 맛의 오렌지 과육과 쫄깃하게 삶아낸 파스타를 부드러운 화이트소스에 버무려 오븐에 구워낸 것으로 크림소스의 맛이 고소해서 차가운 화이트와인과 곁들이면 더욱 좋다.

MATCHING WINE

몰리나 쇼비뇽 블랑
그라탱의 오렌지향과 쇼비뇽 블랑의 꽃향기가 잘 어우러져 향긋하다.
원산지 칠레
빈티지 2007년
가격 35,000원
WINE STYLE
DRY ★★☆☆☆ SWEET

애플 에그크레이프

🥖 READY

달걀	2개
사과	1개
우유	1/2컵
발사믹비네거	1큰술
레드와인	1/4컵
구운 소금	약간
올리브유	약간

🥖 RECIPE

1 달걀은 알끈을 제거하고 곱게 풀어 체에 밭쳐 내린 후 우유와 구운 소금을 넣어 간을 맞춘다.

2 팬에 올리브유를 약간 두르고 ①을 부어 직경 10cm 정도로 얇은 크레이프를 3~4장 부친다.

3 사과는 물에 깨끗이 씻어 동그랗게 가로로 슬라이스하고 가운데 씨 부분을 도려낸다.

4 냄비에 레드와인과 발사믹비네거를 붓고 중간 불에 올리다가 끓으면 사과를 넣고 약한 불에서 조린다.

5 크레이프를 깔고 조린 사과를 2~3개씩 올려 돌돌 말아 접시에 담아낸다.

POINT

부드러운 크레이프에 레드와인과 발사믹비네거로 조린 사과를 감싸 먹는 맛이 달콤하고 쫄깃하게 씹히는 사과가 와인과 잘 어울린다.

MATCHING WINE

블루넌 리프라우밀히
달콤한 크레이프와 발사믹비네거의 진한 맛을 가볍게 받쳐주는 시원하고 마시기 쉬운 와인이다.
원산지 독일
빈티지 2005년
가격 9,500원
WINE STYLE
DRY ★★★★☆SWEET

케사디야

🍴 READY

토르티야 ·	8장
통후추가 들어간 소시지 · · · · · · · · · · ·	80g
양파 ·	1개
브로콜리 ·	50g
방울토마토 · · · · · · · · · · · · · · · · · · ·	10개
슬라이스 체더치즈 · · · · · · · · · · · · ·	4장
피자치즈 ·	100g
소금 ·	약간

토마토소스

토마토페이스트 · · · · · · · · · · · · · · · ·	2큰술
토마토케첩 · · · · · · · · · · · · · · · · · · ·	5큰술
다진 마늘 ·	1작은술
설탕 ·	1큰술
우스터소스 · · · · · · · · · · · · · · · · · · ·	1작은술
우유 ·	5큰술
올리브유 ·	2큰술

POINT

치즈와 와인은 최고의 궁합이라 할 수 있는데 치즈를 이용한 케사디야는 와인과 풍성한 조화를 이룬다. 비타민이 풍부한 채소를 충분하게 넣어 만든 케사디야에 버섯, 생선살, 육류 등 다양한 종류를 모두 넣어 만들어도 맛있다. 케사디야는 밀가루로 만든 토르티야에 치즈, 해산물, 고기 등을 넣어 오븐에 구워내는 멕시코 요리다. 토르티야는 옥수수가루, 밀가루 등을 이용해서 얇게 반죽하여 화덕 등에 구워낸 것을 말한다.

MATCHING WINE

지네스테 메독

진한 치즈의 맛과 와인에서 나는 잘 익은 과일향이 매우 잘 어울린다.
원산지 프랑스
빈티지 2004년
가격 30,000원
WINE STYLE
DRY ★☆☆☆☆ SWEET

🍴 RECIPE

1 토르티야는 냉동으로 준비해서 실온에서 자연스럽게 해동시킨다.

2 양파는 사방 1cm 크기로 자르고 브로콜리도 작은 사이즈로 한 송이씩 떼어 끓는 물에 소금을 넣고 데쳐 물기를 뺀다. 방울토마토는 큰 것은 4등분하고 작은 것은 2등분한다. 통후추가 들어간 소시지는 얄팍하게 슬라이스한다.

3 냄비에 올리브유를 약간 두르고 다진 마늘을 볶다가 토마토페이스트와 토마토케첩, 설탕, 우스터소스를 넣고 볶는다. 마지막으로 우유를 넣어 걸쭉한 소스를 만든다.

4 토르티야에 ③의 소스를 듬뿍 펴 바르고 준비한 소시지, 양파, 브로콜리, 방울토마토를 섞어 올린다.

5 ④에 슬라이스 체더치즈를 부셔서 올리고 피자치즈도 듬뿍 올린 후 다른 토르티야로 위를 덮는다. 180℃로 예열한 오븐에서 15분 정도 구워낸다.

마카로니 미니그라탱

🍷 READY

토마토	2개
마카로니	50g
모차렐라치즈	50g
브로콜리	50g
빵가루	3큰술
파슬리	20g
소금	약간
올리브유	1작은술

화이트소스

밀가루	1큰술
버터	1큰술
우유	1/2컵
생크림	2큰술
소금 · 후춧가루	약간씩

🍷 RECIPE

1 토마토는 깨끗하게 씻어 꼭지를 떼어내고 1.5cm 두께로 썬다.

2 모차렐라치즈는 0.5cm 두께로 썬다. 브로콜리는 한 송이씩 떼어 끓는 소금물에 데친 후 찬 물에 헹궈 물기를 뺀다.

3 마카로니는 끓는 물에 소금과 올리브유를 약간만 넣어 쫄깃하게 데쳐 체에 밭친 후 팬에서 올리브유를 두르고 한 번 더 볶아낸다. 그래야 쫄깃하고 쉽게 붙지 않는다.

4 팬에 버터를 두르고 밀가루를 넣어서 갈색이 나도록 볶다가 우유와 생크림을 넣어 멍울없이 풀어 바특하게 조린다. 소금과 후춧가루로 간을 맞춰 화이트소스를 만들고 마카로니와 브로콜리를 넣어 버무린다.

5 작은 미니그라탱 그릇에 각각 마카로니와 브로콜리를 담고 토마토를 한 개씩 얹은 후 모차렐라치즈를 덮고 빵가루와 파슬리를 곱게 다져 올린다. 180℃ 오븐에서 20분 정도, 치즈가 녹을 정도로 노릇하게 구워낸다.

POINT

토마토와 마카로니, 브로콜리가 화이트소스에 섞여 부드러운 맛을 내면서 구워져야 간식으로도 맛이 좋고 와인 안주로도 훌륭하다. 마카로니는 되도록 쫄깃하게 올리브유에 한 번 더 볶은 후에 구워야 맛이 좋다.

MATCHING WINE

장베르또 꼬뜨 뒤 론 엑셀랑스
고소한 치즈, 풍미를 돋궈주는 토마토향과 잘 어울리는 산뜻한 붉은 과일의 느낌을 간직한 와인이다.
원산지 프랑스
빈티지 2001년
가격 50,000원
WINE STYLE
DRY ★☆☆☆☆ SWEET

토마토브루스케타

🍷 READY

바게트(20cm 길이) · · · · · · · · · · · · 1개
민트잎 · 약간
토핑
청피망 · 1개
홍피망 · 1개
노란색 파프리카 · · · · · · · · · · · · · · 1개
양파 · 1/2개
다진 파슬리가루 · · · · · · · · · · · · · 1큰술
올리브유 · · · · · · · · · · · · · · · · · · · 1큰술
레몬즙 · · · · · · · · · · · · · · · · · · · 1작은술
소금 · 흰 후춧가루 · · · · · · · · · · · 약간씩
마늘버터
버터 · 4큰술
다진 마늘 · · · · · · · · · · · · · · · · · · 1큰술
다진 파슬리가루 · · · · · · · · · · · · · 1큰술

POINT

브루스케타는 이탈리아 정식요리에서 안
티파스토(Antipasto) 전채요리로 이용되
며 만들기가 간편하고 맛있어 가벼운 식사
를 곁들인 와인 안주로 제격이다. 올리는
재료는 파프리카뿐 아니라 바질 잎, 토마
토, 레몬, 오렌지, 파파야 등의 각종 재료
를 모두 사용해도 좋고 먹기 직전에 기호
에 맞게 다양한 치즈를 올려도 된다.

MATCHING WINE

**마르께스 데
까세레스 로사도**
토마토향과 허브향, 마늘향
등을 해치지 않고 상큼한 느
낌의 요리를 더욱 신선하게
만들어 줄 수 있는 거의 유일
무이한 와인이다.
원산지 스페인
빈티지 2007년
가격 25,000원
WINE STYLE
DRY ★☆☆☆☆SWEET

🍷 RECIPE

1 바게트는 어슷하게 1cm 폭으로 저며 썬다. 버터를 크림 상태로 볼에 넣고 다진 마늘과 다진
  파슬리가루를 고루 섞어 마늘버터를 만든다.
2 바게트에 마늘버터를 한쪽 면만 고루 바른다. 190℃로 예열한 오븐에 바게트를 넣어 5~8분
  정도 구워낸다.
3 청피망, 홍피망, 노란색 파프리카는 반을 갈라 씨를 도려내고 사방 1cm 크기로 자른다. 양파
  는 피망과 같은 크기로 썰어 찬물에 헹궈 마른 면포에 감싸 물기를 뺀다.
4 볼에 채소를 모두 담고 다진 파슬리가루와 올리브유, 레몬즙, 소금, 흰 후춧가루로 양념해서
  토핑 재료를 만든다.
5 구운 바게트에 토핑 재료를 소복하게 올리고 민트잎으로 장식한다.

굴갈릭커틀릿

READY

생굴	200g
녹말가루	2큰술
밀가루	2큰술
달걀	2개
마늘가루	2큰술
빵가루	1/2컵
다진 파슬리	1작은술
구운 소금	1/4작은술
청주	1큰술
후춧가루	약간
포도씨유	1컵

RECIPE

1 생굴은 흐르는 물에 재빨리 씻어 체에 건져 물기를 뺀다.

2 ①의 생굴에 구운 소금과 청주, 후춧가루를 뿌려 밑간한다.

3 밑간한 생굴에 녹말가루와 밀가루를 뿌려 골고루 섞은 후 달걀물에 흠뻑 담가 옷을 입힌다.

4 마늘가루에 빵가루, 다진 파슬리를 섞어 ③의 굴을 동그랗게 굴린 후 150℃로 달군 포도씨유에 바삭하게 두 번 튀겨낸다.

POINT

비릿한 굴은 드라이한 와인과 궁합이 잘 맞는다. 비린맛을 없애려면 마늘가루를 듬뿍 넣은 빵가루에 굴을 버무려 튀기는 것이 좋은데 두 번 튀겨야 바삭한 질감이 생기면서 옷이 벗겨지지 않아 지저분해지지 않는다.

MATCHING WINE

몰리나 쇼비뇽 블랑
마늘향에 어울리는 아카시아향이 일품이며 굴을 더욱 싱싱하게 느끼도록 해주는 와인이다.
원산지 칠레
빈티지 2007년
가격 35,000원
WINE STYLE
DRY ★★☆☆☆ SWEET

멕시코풍 칠리토르티야

▤ READY

토르티야 ·	12장
칵테일새우 · · · · · · · · · · · · · · · ·	12마리
양배추 ·	3장
양파 ·	1/4개
홍피망 ·	1개
청피망 ·	1개
할라피뇨 · · · · · · · · · · · · · · · · · · ·	6개

살사소스

다진 토마토 · · · · · · · · · · · · · · · · ·	1컵
다진 청고추 · · · · · · · · · · · · · · · · ·	1큰술
다진 홍고추 · · · · · · · · · · · · · · · · ·	1큰술
다진 양파 · · · · · · · · · · · · · · · · · · ·	1큰술
다진 파슬리 · · · · · · · · · · · · · · · · ·	약간
레몬즙 ·	1큰술
설탕 ·	1큰술
식초 ·	2큰술

▤ POINT

할라피뇨는 노란색의 멕시코 고추로 매운 맛이 강해 먹으면 입안이 얼얼할 정도인데 꼭지만 떼어내고 반으로 갈라서 토르티야 에 각종 채소와 함께 넣어 먹으면 고소하 면서 칼칼한 맛이 일품이다. 토르티야는 곁들이는 소스에 따라서 매운맛과 새콤달 콤한 맛이 나는데 살사소스는 매우면서도 알싸한 맛이 나고 허니 머스터드는 단맛과 함께 새콤한 맛이 일품이다. 그리고 소스 는 차게 해서 함께 먹어야 제 맛이 난다.

MATCHING WINE

알베르비쇼 보졸레 빌라쥐
매콤하고 신선한 칠리소스와 함께 가벼 운 맛을 기분 좋게 내주는 와인이다.
원산지 프랑스
빈티지 2007년
가격 28,000원
WINE STYLE
DRY ★☆☆☆☆SWEET

▤ RECIPE

1 토르티야는 냉동된 것으로 구입한 후 팬에 기름을 두르지 말고 한 장씩 노릇하게 구워낸다.

2 칵테일새우는 옅은 소금물에 헹궈서 끓는 물에 데쳐낸다.

3 양배추는 굵은 심지를 깎아낸 후 6cm 길이로 굵게 채 썬다. 양파도 굵게 채 썰어 찬물에 헹 궈 건져 물기를 뺀다. 홍피망과 청피망은 씨를 도려내고 양배추 굵기로 채 썬다. 할라피뇨는 반으로 자른다.

4 살사소스를 만들어 차게 둔다.

5 토르티야에 칵테일새우, 양배추, 양파, 청피망, 홍피망, 할라피뇨를 적당히 담고 돌돌 말아서 차게 둔 살사소스를 곁들여 상에 낸다.

MATCHING WINE

간치아 브라케토 다퀴
요리의 달콤하고 진한 맛과 간
치아 브라케토 다퀴의 숙성된
딸기향이 잘 어울린다.
원산지 이탈리아
빈티지 NV
가격 32,000원
WINE STYLE
DRY ★★★★☆SWEET

MATCHING FOOD _23
발사믹토마토졸임

🍷 READY

방울토마토 · · · · · · · · · · · · · · · · · · · 20개
생바질 · 20g
화이트와인 · · · · · · · · · · · · · · · · · · · 1/2컵
발사믹비네거 · · · · · · · · · · · · · · · · 2큰술
올리브유 · 2큰술
구운 소금 · 약간

🍷 RECIPE

1 방울토마토는 깨끗이 씻어 꼭지를 떼어내고 반으로 칼집을 조금 넣는다.

2 생바질은 깨끗이 씻어 잘게 채 썬다.

3 냄비에 화이트와인과 발사믹비네거, 올리브유를 넣어 끓이다가 끓으면 ①의 방울토마토와
생바질을 넣어 약한 불에서 굴리면서 조린다.

4 방울토마토가 부드럽게 조려지면 구운 소금으로 간을 맞춘다.

POINT

새콤하게 익혀진 토마토는 달달한 감칠맛이 더욱 많이 생기고 바질의 향이 깊게 배여 와
인과 함께 먹으면 입안의 풍미가 가득 생기는 안주이다.

MATCHING WINE

엘렉트라 화이트
• 짭짤한 프로슈토에 싸인 멜론
을 감싸는 여유로운 달콤함을
간직한 와인이다.
원산지 미국
빈티지 NV
가격 22,500원
WINE STYLE
DRY ★★★★★ SWEET

MATCHING FOOD _24
멜론프로슈토

🍷 READY

멜론 · 1개
프로슈토 · · · · · · · · · · · · · · · · · · 16장

🍷 RECIPE

1 멜론은 반을 갈라 씨를 긁어낸다.

2 손질한 멜론은 길이대로 4등분한 후 약간 부채꼴 모양으로 썬다.

3 멜론 껍질과 멜론 과육 한쪽 면만 칼을 넣어 저며 멜론 과육이 쉽게 떨어지도록 한다.

4 프로슈토는 적당한 크기로 자른 후 돌돌 말아 꼬치로 멜론 과육 위쪽에 얹어 꽂는다.

POINT

프로슈토는 이탈리아 돼지고기로 만든 수제 햄이다. 우리나라에서는 대형 마트나 일반 백
화점에서 판매하는데 짭조름한 맛이 나도록 돼지고기 넓적다리에 소금을 절여 꾸덕하게
말려놓은 것이다. 프로슈토는 짭짤하고 씹을수록 고소한 맛이 나는 것이 특징이다. 달콤
하고 수분이 많은 멜론과 함께 먹으면 어떤 와인과도 궁합이 잘 맞는다.

가자미뮤니엘

┃ READY

냉동 가자미	2마리
버터	2큰술
마늘가루	1큰술
화이트와인	2큰술
구운 소금	약간

┃ RECIPE

1 냉동 가자미는 실온에서 해동시킨 후 깨끗이 씻어 칼집을 서너 번씩 넣는다.

2 ①의 가자미에 마늘가루를 듬뿍 뿌려 밑간을 한다.

3 팬에 버터를 녹인 후 ②의 가자미를 넣고 약한 불에서 노릇하게 굽는다.

4 화이트와인을 부어 가자미에 풍미를 더해주고 구운 소금으로 간을 맞춰 완성한다.

POINT

버터를 녹인 약한 불에서 오래 노릇하게 구워야 부드러운 가자미 속살의 맛을 즐길 수 있다. 마지막에 화이트와인으로 조리듯이 구우면 풍미가 풍부하고 가자미의 속살이 아주 부드럽다. 시원한 화이트와인과 곁들이면 아주 좋은 안주이다.

MATCHING WINE

트라피체 오크캐스크 샤르도네

오크향이 녹아든 샤르도네의 열대과일향이 가자미뮤니엘의 고소함과 잘 맞는다.
원산지 아르헨티나
빈티지 2006년
가격 30,000원
WINE STYLE
DRY ★★☆☆☆ SWEET

애플시나몬구이

🍷 READY

사과(아오리 또는 홍로) · · · · · · · · · · · · · 2개
시나몬가루 · · · · · · · · · · · · · · · 1/2작은술
슈거파우더 · · · · · · · · · · · · · · · 1/2작은술
레몬즙 · · · · · · · · · · · · · · · · · · · 약간

🍷 RECIPE

1 사과는 껍질째 깨끗이 씻어서 물기를 닦고 가로로 0.5cm 두께로 썬다.

2 사과를 썬 채로 그냥 두면 갈변 현상이 생겨 검게 변하므로 레몬즙을 약간씩 뿌린다.

3 오븐 팬에 ①의 사과를 평편하게 깔고 140℃의 온도에서 20분 정도 굽는다. 또는 팬에 아무 것도 넣지 않은 상태로 약한 불에서 뚜껑을 덮고 노릇노릇하게 야들거리고 쫄깃한 질감이 날 때까지 굽는다.

4 사과의 겉면이 쫄깃해지면 시나몬가루와 슈거파우더를 뿌려 와인과 곁들인다.

POINT

사과를 구울 때에는 올리브유나 버터를 바르지 않은 상태로 저온의 오븐에서 넉넉한 시간으로 구워야 하는데 빠르게 굽고 싶으면 팬에 올리고 약한 불에서 뚜껑을 덮은 상태로 구워도 쫄깃한 사과의 질감이 살아나면서 달달한 맛이 많이 난다. 구운 사과는 더욱 달면서도 새콤한 맛이 나므로 슈거파우더로 단맛을 조금 상승시키면 드라이한 레드와인과 궁합이 잘 맞고 페퍼를 섞은 치즈나 햄을 곁들여 먹으면 더욱 좋다.

MATCHING WINE

마르께스 데 까세레스 사티넬라(세미돌체)
달콤한 사과에 지지 않는 상쾌한 당도를 간직한 와인이다.
원산지 스페인
빈티지 NV
가격 19,000원
WINE STYLE
DRY ★★★★☆SWEET

모차렐라치즈 페퍼커틀릿

🥖 READY

모차렐라치즈 · · · · · · · · · · · · · · · · · ·	300g
통후추 ·	1큰술
녹말가루 · · · · · · · · · · · · · · · · · · ·	1작은술
밀가루 ·	2큰술
달걀 ·	1개
빵가루 ·	1/2컵
다진 파슬리 · · · · · · · · · · · · · · · · ·	1작은술
포도씨유 · · · · · · · · · · · · · · · · · · ·	1컵

🥖 RECIPE

1 모차렐라치즈는 손가락 굵기만큼 4cm 길이로 도톰하게 썬다.

2 통후추는 손절구에 넣어 굵게 빻는다.

3 접시에 통후추를 깔고 ①의 모차렐라치즈에 골고루 묻힌다.

4 ③의 모차렐라치즈에 녹말가루→밀가루→달걀물→빵가루→다진 파슬리 순으로 옷을 입혀 150℃로 달군 포도씨유에 빠르고 바삭하게 튀겨 낸다.

POINT

매콤한 통후추의 맛이 진하게 느껴지는 커틀릿으로 정해진 온도에서 재빨리 튀겨야 치즈의 질감이 쫄깃하고 맛있다.

MATCHING WINE

JJ 맥 윌리암스 쉬라즈 까베르네

강한 통후추의 향미를 받쳐 주는 후추향과 부드러움을 구비한 와인이다.

원산지 호주
빈티지 2005년
가격 18,000원
WINE STYLE
DRY★☆☆☆☆SWEET

발사믹소스 모둠채소구이

🔖 READY

가지	1개
애호박	1/2개
파프리카	1개
발사믹비네거	2큰술
올리브유	2큰술
소금	약간
치커리	30g

🔖 RECIPE

1 가지는 씻어서 0.5cm 두께로 어슷하게 저며 썬 후 소금을 약간 푼물에 담가 색이 변하지 않게 한다.

2 애호박은 가지와 같은 크기로 어슷하게 저며 썰어 반을 세로로 자른 후 소금을 약간 뿌려 수분을 뺀다. 파프리카는 4등분해서 씨를 도려낸다.

3 가지와 애호박, 파프리카에 발사믹비네거와 올리브유를 섞어 뿌린다.

4 ③을 팬에서 맛이 배도록 나른하게 구워낸다. 치커리를 접시에 깔고 구운 모둠채소구이를 올려 낸다.

POINT

채소의 맛이 제대로 느껴지는 모둠채소구이는 올리브유와 발사믹비네거를 섞어 발라 구웠기 때문에 맛이 부드럽고 씹히는 채소의 질감에서 단맛이 많이 난다.

MATCHING WINE

엘렉트라 화이트
물씬 풍기는 발사믹향을 보조해줄 복숭아와 살구향을 달게 간직한 와인이다.
원산지 미국
빈티지 NV
가격 22,500원
WINE STYLE
DRY ★★★★★ SWEET

베이비립과 어니언살사소스

☞ READY

베이비립(돼지등갈비) · · · · · · · · · · · 400g
굴소스 · · · · · · · · · · · · · · · · · 2큰술
레드와인 · · · · · · · · · · · · · · · · · 2큰술
꿀 · 1작은술
파르메산 치즈가루 · · · · · · · · · · · 2큰술

립 삶는 향신채
대파잎 · · · · · · · · · · · · · · · · · · · 2대
마늘 · 2쪽
소금 · 약간
생수 · 2컵

어니언살사소스
다진 양파 · · · · · · · · · · · · · · · · · 2큰술
다진 토마토 · · · · · · · · · · · · · · · · 3큰술
토마토페이스트 · · · · · · · · · · · · · · 1큰술
다진 파슬리 · · · · · · · · · · · · · · · · 1작은술
구운 소금 · · · · · · · · · · · · · · · · · 약간

☞ RECIPE

1 베이비립은 대파잎과 마늘, 소금을 넣은 끓는 물에 애벌로 삶아 건진다.
2 ①의 립에 굴소스와 레드와인, 꿀을 섞어 바르고 20분 정도 재운다.
3 양념에 재운 립에 파르메산 치즈가루를 고루 뿌려 예열한 190℃의 오븐에서 20분 정도 앞뒤로 고루 익힌다.
4 어니언살사소스를 만들어 베이비립에 곁들인다.

POINT

립의 잡내가 없도록 익혀야 와인과 궁합이 잘 맞는다. 립을 삶을 때는 향신채를 듬뿍 넣고 애벌로 삶아 건져 찬물에 기름기를 헹군 후에 밑간을 하는 것이 좋다.

MATCHING WINE

오크캐스크 말백
짙은 고기의 느낌을 상큼하게 다듬어 주는 산도를 간직한 와인으로 단맛이 살짝 돈다.
원산지 아르헨티나
빈티지 2005년
가격 30,000원
WINE STYLE
DRY ★★☆☆☆ SWEET

MATCHING WINE

칼로로시 레드 상그리아
달콤한 파인애플과 햄의 맛을 감싸주는 신선한 당도를 간직한 와인이다.
원산지 미국
빈티지 NV
가격 14,500원(1.5ℓ, 두 병 분량)
WINE STYLE
DRY ★★★☆☆SWEET

MATCHING FOOD _30

파인애플로스트햄

🍴 READY

파인애플 슬라이스 · · · · · · · · · · · · · · · · · 5쪽
슬라이스 수제 햄 · · · · · · · · · · · · · · · 10장
올리브유 · 1큰술
나무 꼬치 · 약간

🍴 RECIPE

1 파인애플 슬라이스는 키친타월에 올려 놓고 물기를 닦는다.

2 파인애플은 반달 모양이 되도록 반으로 자른다.

3 준비한 슬라이스 햄을 ②의 파인애플 가운데 쪽으로 돌돌 말아 나무 꼬치로 고정시킨다.

4 ③의 햄에 올리브유를 약간 발라 160℃로 예열한 오븐에 넣어 5분 정도 구워낸다.

POINT

달달한 파인애플을 오븐에 구으면 더욱 단맛이 나면서 짭조름한 햄과 궁합이 잘 맞는다.
풍미가 느껴지면서도 간단해서 와인 안주로 적당하다.

Part 02

카나페&핑거 푸드

양송이버섯 날치알오븐구이카나페

🍷 READY

양송이버섯 ·	10개
날치알 ·	50g
청주 ·	1큰술
생수 ·	1컵
슬라이스 체더치즈 · · · · · · · · · · · · · ·	1장
잘게 다진 모차렐라치즈 · · · · · · · · ·	5큰술
올리브유 ·	2큰술
소금 · 흰 후춧가루 · · · · · · · · · · · ·	약간씩

🍷 RECIPE

1 양송이버섯은 기둥을 떼어내고 갓 껍질을 벗긴다.

2 갓이 아래쪽으로 가도록 평편하게 놓고 올리브유와 소금, 흰 후춧가루를 뿌려 밑간한다.

3 날치알은 청주를 넣은 생수에 헹군 후 체에 건져 물기를 완전히 뺀다.

4 슬라이스 체더치즈는 모차렐라치즈처럼 잘게 다진다.

5 양송이버섯 안쪽에 슬라이스 체더치즈, 날치알, 모차렐라치즈를 켜켜로 올리고 150℃로 예열한 오븐에 넣어 5분 정도 구워낸다.

POINT

청주를 푼 생수에 날치알을 헹궈 물기를 빼면 날치알에 윤기가 나면서 탱글거리는 질감이 생기고 비린맛도 없어져 양송이버섯과 함께 씹히는 맛이 아주 좋다. 깔끔하게 먹을 수 있어 시원한 화이트와인과 궁합이 잘 맞는다.

MATCHING WINE

트리오 샤르도네

샤르도네의 맑은 맛과 향이 부드러운 버섯, 고소한 날치알과 어울려 매우 깔끔하다.

원산지 칠레
빈티지 2007년
가격 32,000원

WINE STYLE

DRY ★★☆☆☆ SWEET

게살크림페이스트카나페

🎫 READY

게살(크리미) · · · · · · · · · · · · · · · ·	200g
크림치즈 · · · · · · · · · · · · · · · · ·	3큰술
호두 · · · · · · · · · · · · · · · · · · ·	3알
케이퍼 · · · · · · · · · · · · · · · · ·	2큰술
캐비아 · · · · · · · · · · · · · · · · · ·	20g
저염 비스킷 · · · · · · · · · · · · · · ·	20장

🎫 RECIPE

1 게살은 결대로 짧게 찢어 놓는다.

2 호두는 껍질을 벗겨 굵게 다지고 케이퍼도 잘게 다진다.

3 볼에 게살과 호두, 케이퍼를 넣고 크림치즈로 버무려 양념을 한다.

4 저염 비스킷에 ③의 게살크림페이스트를 소복하게 올리고 캐비아를 조금 놓아 완성한다.

POINT

부드럽게 버무린 게살과 크림치즈는 드라이한 레드와인과 궁합이 잘 맞고 특히 호두의 고소한 맛이 입안을 개운하게 해준다.

MATCHING WINE

가또 네그로 샤르도네
고소한 게살과 호두의 맛을
산뜻한 샤르도네가 깨끗하
게 아우른다.
원산지 칠레
빈티지 2007년
가격 15,000원
WINE STYLE
DRY ★★☆☆☆SWEET

웰빙버섯볶음 두부카나페

🔖 READY

두부 · · · · · · · · · · · · · · · · · · · 1/2모
백만송이버섯 · · · · · · · · · · · · · · · · 100g
표고버섯 · · · · · · · · · · · · · · · · · · 3장
마른 홍고추 · · · · · · · · · · · · · · · · · 1개
쪽파 · 2대
마늘 · 1쪽
소금 · 흰 후춧가루 · · · · · · · · · · · 약간씩
포도씨유 · · · · · · · · · · · · · · · · · · 2큰술

🔖 RECIPE

1 두부는 물에 씻어 사방 3cm 크기, 1cm 두께로 썬 후 소금을 뿌려 밑간을 한다. 팬에 포도씨유를 두르고 노릇하게 앞뒤로 부쳐낸다.

2 백만송이버섯은 2cm 길이로 찢고 표고버섯은 물에 충분하게 불려 기둥을 자르고 곱게 채 썬다.

3 마른 홍고추는 잘게 다지고 쪽파는 송송 썰고 마늘은 곱게 채 썬다.

4 팬에 포도씨유를 두르고 마른 홍고추와 마늘을 볶다가 표고버섯과 백만송이버섯을 넣어 볶는다. 소금과 흰 후춧가루로 간을 맞춘다.

5 부친 두부 위에 ④의 버섯볶음을 올리고 쪽파를 소복하게 뿌려낸다.

POINT

담백하고 고소한 두부와 간단하게 볶아놓은 버섯을 한데 모아 카나페를 만든 것으로 건강을 생각한 웰빙안주라 할 수 있다. 시원한 화이트와인, 드라이한 레드와인 모두 잘 어울린다.

MATCHING WINE

빈65 샤르도네
두부카나페의 담백한 맛과 시원하고 신선한 와인의 조화가 산뜻하다.
원산지 호주
빈티지 2006년
가격 24,000원
WINE STYLE
DRY ★☆☆☆☆ SWEET

고기소보로카나페

🥖 READY

다진 쇠고기 · · · · · · · · · · · · · · · · 200g
아보카도 · · · · · · · · · · · · · · · · · · 1개
방울토마토 · · · · · · · · · · · · · · · · 10개
버터식빵 · · · · · · · · · · · · · · · · · 10쪽
버터 · · · · · · · · · · · · · · · · · · · 2큰술
고기소스
생크림 · · · · · · · · · · · · · · · · · · 1큰술
소금 · 후춧가루 · · · · · · · · · · · · · 약간씩

🥖 RECIPE

1 다진 쇠고기는 핏물을 없애고 소금과 후춧가루로 밑간해 버무린 후 팬에 생크림을 넣고 볶아 부드럽게 해놓는다.

2 아보카도는 반을 저며 썰어 씨를 빼고 껍질을 벗긴 후 사방 1cm 크기로 썬다.

3 방울토마토는 깨끗이 씻어서 꼭지를 떼고 4등분한 후 씨를 긁어낸다.

4 식빵은 4등분한 후 버터를 녹인 팬에서 노릇하게 구워낸다.

5 식빵에 다진 쇠고기, 아보카도, 방울토마토를 골고루 올려 카나페를 완성한다.

POINT

다진 쇠고기를 볶은 후 식었을 때 뻣뻣하지 않도록 생크림을 넣어 질감을 부드럽게 해주는 것이 중요하다. 식빵 위에 올리는 카나페이므로 방울토마토가 수분이 생기지 않도록 씨를 긁어낸 후 올리는 것이 좋다.

MATCHING WINE

루피노 끼안티
쇠고기와 아보카도, 생토마토와 어울리는 신선하고 가벼운 와인이다.
원산지 이탈리아
빈티지 2006년
가격 25,000원
WINE STYLE
DRY ★☆☆☆☆SWEET

MATCHING WINE

알베르비쇼 샤르도네
살짝 매콤한 소스에 찍은 새
우튀김을 먹을 때, 부족하게
느껴지는 신선함을 채워주
는 와인이다.
원산지 아르헨티나
빈티지 2005년
가격 38,000원
WINE STYLE
DRY ★☆☆☆☆SWEET

MATCHING FOOD _5

코코넛 새우카나페

READY

대하	12마리
녹말가루	3큰술
달걀	1개
빵가루	1/2컵
마늘가루	1큰술
코코넛가루	3큰술
마요네즈	3큰술
씨머스터드	1큰술
구운 소금·곱게 빻은 통후추	약간씩
포도씨유	1컵

RECIPE

1 대하는 껍질을 벗기고 등 쪽 두 번째 마디에서 꼬치를 이용해 내장을 꺼낸 후 물에 헹궈 건진
다. 구운 소금, 곱게 빻은 통후추를 뿌려 밑간한다.

2 밑간한 대하에 녹말가루를 듬뿍 입힌 후 달걀물에 적셔 옷을 입힌다.

3 볼에 빵가루, 마늘가루, 코코넛가루를 섞어 ②의 대하에 두껍게 덧옷을 입힌 후 포도씨유에
바삭하게 튀겨낸다.

4 마요네즈와 씨머스터드를 섞어 소스를 만든 후 곁들여낸다.

POINT

고소한 맛이 나는 코코넛가루를 입힌 새우는 두껍고 살이 많은 것으로 구입해서 만들어야
씹히는 맛이 좋고 새우의 맛이 강하게 우러난다. 디저트 와인과 함께 내면 아주 좋은 궁합
이다.

MATCHING WINE

샤또 드 세갱
치즈, 구운 빵, 올리브의 진한
맛과 향이 보르도 와인의 깊
은 맛과 잘 어울린다.
원산지 프랑스
빈티지 2003년
가격 30,000원
WINE STYLE
DRY ★ ☆☆☆☆ SWEET

MATCHING FOOD _6
까망베르치즈 잡곡빵카나페

▬ READY

까망베르치즈 · · · · · · · · · · · · · · · · 200g
잡곡빵 · 10쪽
올리브 · 10개
슬라이스 햄 · · · · · · · · · · · · · · · · · · 2장
올리브유 · · · · · · · · · · · · · · · · · · · 1큰술

▬ RECIPE

1 까망베르치즈는 사방 2cm 크기로 얄팍하게 슬라이스한다.

2 잡곡빵은 모양틀로 찍어내 사방 4cm 크기로 만든 후 올리브유를 둘러 달군 팬에서 노릇하
고 바삭하게 구워낸다.

3 올리브는 얄팍하게 슬라이스하고 슬라이스 햄은 1cm 폭으로 길게 썬다.

4 잡곡빵에 까망베르치즈와 슬라이스 햄을 겹쳐 올리고 올리브를 올려 완성한다.

POINT

가장 간편하게 만드는 와인 안주 중 첫 번째로 꼽히는 것이 바로 카나페이다. 잡곡빵은 노
릇하고 바삭하게 올리브유에 구워 부드러운 치즈와 함께 씹는 질감을 높이는 것이 좋다.

소시지 양송이버섯카나페

🪵 READY

수제 소시지 · · · · · · · · · · · · · · · · · 4개
양송이버섯 · · · · · · · · · · · · · · · · · 6개
싹채소 · 30g
달걀 · 3개
구운 소금 · 흰 후춧가루 · · · · · · · · 약간씩
굴소스 · 1큰술
포도씨유 · · · · · · · · · · · · · · · · · · 2큰술

🪵 RECIPE

1 수제 소시지는 동그란 모양으로 얄팍하게 썬다.

2 양송이버섯은 갓 껍질을 벗기고 기둥을 자른 후 얄팍하게 저며 썬다.

3 달걀은 알끈을 제거하고 곱게 풀어 체에 내린 후 구운 소금과 흰 후춧가루를 섞어 간을 맞춘다. 팬에서 직경 6cm 크기로 동그랗게 부쳐 에그크레이프를 만든다.

4 팬에 포도씨유를 두르고 수제 소시지와 양송이버섯을 넣어 굴소스와 구운 소금으로 간을 맞춰 볶아낸다.

5 접시에 크레이프를 펼쳐 놓고 ④의 볶은 소시지와 버섯을 적당하게 올린 후 싹채소도 올리고 반으로 접어 카나페를 완성한다.

POINT

크레이프에 볶은 소시지와 버섯을 올려 먹는 카나페로 드라이한 레드와인과 곁들이면 풍미가 생기면서 고소한 맛이 나 먹기에 아주 좋다.

MATCHING WINE

일 레오 끼안티
느끼한 소시지, 담백한 에그크레이프, 신선한 버섯을 모두 아우를 수 있는 신선한 레드와인이다.
원산지 이탈리아
빈티지 2006년
가격 25,000원
WINE STYLE
DRY ★★☆☆SWEET

연어카나페

🍴 READY

훈제연어 슬라이스 · · · · · · · · · · · · · · · 12쪽
치커리 · 30g
케이퍼 · · · · · · · · · · · · · · · · · · 3큰술

치즈딥
다진 양파 · · · · · · · · · · · · · · · · · 3큰술
크림치즈 · · · · · · · · · · · · · · · · · · 2큰술
마요네즈 · · · · · · · · · · · · · · · · · · 2큰술
구운 소금 · 흰 후춧가루 · · · · · · · · · 약간씩

🍴 RECIPE

1 훈제연어는 키친타월에 올려 기름기를 없앤다.
2 치커리는 씻어서 적당한 크기로 뜯고 케이퍼는 씻어서 물기를 없앤다.
3 굵게 다진 양파를 물에 헹궈 건진 후 크림치즈와 마요네즈, 구운 소금, 흰 후춧가루를 섞어 소스를 만든다.
4 연어를 아코디언 모양으로 겹쳐 접시에 담고 치즈딥을 올린 후 치커리와 케이퍼로 장식한다.

POINT

연어는 와인과 궁합이 아주 잘 맞는 안주 재료이다. 여기에 아린맛을 뺀 양파를 넣은 딥소스로 만든 카나페는 씹히는 질감뿐 아니라 연어의 풍미를 더욱 진하게 해준다.

MATCHING WINE

터닝리프 샤르도네
다소 느끼한 생선인 연어와 함께 먹을 때 시원한 느낌을 줄 수 있는 와인이다.
원산지 미국
빈티지 2004년
가격 15,000원
WINE STYLE
DRY ★☆☆☆☆SWEET

케이퍼 새우카나페

🪵 READY

칵테일새우 · · · · · · · · · · · · · · · · · ·	12마리
케이퍼 · · · · · · · · · · · · · · · · · · ·	30g
베이비 싹채소 · · · · · · · · · · · · · · ·	50g
저염 비스킷 · · · · · · · · · · · · · · · ·	12개
토마토케첩 · · · · · · · · · · · · · · · · ·	2큰술
우스터소스 · · · · · · · · · · · · · · · · ·	1작은술
소금 ·	약간

🪵 RECIPE

1 칵테일새우는 소금물에 헹궈 건진다.

2 팬에 토마토케첩과 우스터소스를 넣어 끓어오르면 ①의 새우를 넣어 바싹 조린다.

3 케이퍼는 체에 밭쳐 물기를 빼고 베이비 싹채소는 물에 헹궈 건진다.

4 저염 비스킷에 베이비 싹채소→새우조림→케이퍼를 차례로 올려 완성한다.

POINT

칵테일새우는 소스가 끓어오를 때 넣고 수분이 없도록 바싹 조려야 카나페로 만들었을 때 수분이 생기지 않아 질척이지 않는다.

MATCHING WINE

폴링스타 샤르도네
조린 새우가 줄 수 있는 진하고 달착지근한 맛을 시원한 샤르도네로 마감할 수 있다.
원산지 아르헨티나
빈티지 2006년
가격 14,000원
WINE STYLE
DRY ★★☆☆☆SWEET

아스파라거스 베이컨말이

🍷 READY

아스파라거스 · · · · · · · · · · · · · · · 10개
베이컨 · · · · · · · · · · · · · · · · · · · 5줄
올리브유 · · · · · · · · · · · · · · · · · 2큰술
녹말가루 · · · · · · · · · · · · · · · · · 2큰술
굴소스 · · · · · · · · · · · · · · · · · · 1작은술
구운 소금 · 굵게 빻은 통후추 · · · · · · 약간씩

🍷 RECIPE

1 아스파라거스는 밑동을 다듬어 씻어 물기를 닦는다.

2 베이컨은 반으로 자르고 키친타월에 올려 기름기를 닦는다.

3 아스파라거스 겉면에 녹말가루를 바르고 ②의 베이컨으로 돌돌 만다.

4 팬에 올리브유를 두르고 ③의 말이를 굴려가면서 굽다가 굴소스와 구운 소금, 굵게 빻은 통후추를 뿌려 양념을 한다.

POINT

아삭하게 씹히는 아스파라거스의 질감이 아주 좋은 안주이다. 베이컨은 짠맛이 덜한 것으로 구입하여 조리하는 것이 좋은데 윤기를 내기 위해서 구운 소금만으로 간을 하는 것 보다는 굴소스를 약간 넣어 감칠맛을 내주는 것이 좋다.

MATCHING WINE

니더버그 매너하우스
까베르네 쇼비뇽
아삭아삭하고 스모키한 베이컨말이에 잘 어울리는, 오크향이 감도는 진한 와인이다.
원산지 남아프리카공화국
빈티지 2006년
가격 30,000원
WINE STYLE
DRY★★☆☆☆SWEET

새우꼬치튀김

🥢 READY

대하 ·	10마리
녹말가루 · · · · · · · · · · · · · · · ·	2큰술
달걀흰자 · · · · · · · · · · · · · · · ·	1개분
청주 · · · · · · · · · · · · · · · · · · ·	1큰술
구운 소금 · · · · · · · · · · · · · · ·	약간
다진 바질 · · · · · · · · · · · · · · ·	약간
포도씨유 · · · · · · · · · · · · · · · ·	1컵
나무 꼬치 · · · · · · · · · · · · · · ·	10개

🥢 RECIPE

1 대하는 등 쪽 두 번째 마디에서 꼬치를 이용해 내장을 꺼낸 후 꼬리 쪽 물샘을 자르고 소금물에 헹궈 건진다.

2 ①의 대하에 청주와 구운 소금을 뿌려 잠시 밑간하고 나무 꼬치를 꼬리 쪽으로 찔러둔다.

3 ②에 녹말가루를 고루 입히고 달걀흰자를 거품 내어 옷을 입힌 후 160℃로 달군 포도씨유에서 바삭하게 튀겨낸다.

4 튀긴 새우에 다진 바질을 뿌려낸다.

POINT

새우튀김을 할 때는 대하의 꼬리 쪽에 물샘을 없애고 튀겨야 기름이 튀지 않고 깔끔하다. 바질을 다져 대하에 뿌려 먹으면 대하의 비린맛을 없애준다. 화이트와인, 스위트한 레드와인에 모두 잘 어울린다.

MATCHING WINE

장베르또 꼬뜨 뒤 론 꾸베 프레스티지 화이트
신선한 새우튀김에 감도는 바질향을 받쳐주는 청량한 미네랄 느낌의 와인이다.
원산지 프랑스
빈티지 2006년
가격 21,000원
WINE STYLE
DRY ★★☆☆☆SWEET

두부올리브꼬치

🌭 READY

두부 ·	1모
올리브 ·	20개
구운 소금 · 흰 후춧가루 · · · · · · · · ·	약간씩
마늘가루 · · · · · · · · · · · · · · · · · ·	1작은술
포도씨유 · · · · · · · · · · · · · · · · · · ·	약간
나무 꼬치 · · · · · · · · · · · · · · · · · ·	10개

🌭 RECIPE

1 두부는 사방 1.5cm 크기로 썬다.

2 썬 두부는 구운 소금과 흰 후춧가루, 마늘가루를 뿌려 밑간한 후 팬에 포도씨유를 두르고 전 체적으로 노릇하게 구워낸다.

3 올리브는 반으로 썬다.

4 나무 꼬치에 두부→올리브→두부 순서로 꿰어 완성한다.

POINT

마늘가루를 두부에 듬뿍 뿌려 구워야 달달한 감칠맛이 나 더욱 담백하고 깔끔하다. 드라 이한 레드와인과 궁합이 잘 맞는다.

MATCHING WINE

마르께스 데 까세레스 로사도
마늘가루, 올리브와 함께하여 개성이 강한 두부에 맞춘 깔 끔한 느낌의 로제와인이다.
원산지 스페인
빈티지 2007년
가격 25,000원
WINE STYLE
DRY ★☆☆☆☆SWEET

MATCHING WINE

터닝리프 화이트 진판델
새콤한 피클이 들어 있는 베
이컨샌드와 함께할 수 있는
거의 유일한 와인이다.
원산지 미국
빈티지 2005년
가격 15,000원
WINE STYLE
DRY ★★★☆☆SWEET

MATCHING FOOD _13
베이컨햄샌드

🥖 READY

베이컨	5줄
슬라이스 햄	10장
보리식빵	4장
오이피클	3개
버터	약간

🥖 RECIPE

1 보리식빵은 4등분하여 팬에 버터를 두르고 구워낸다.

2 슬라이스 햄은 보리식빵 크기로 자른다.

3 베이컨은 마른 팬에서 살짝 구워 햄 크기로 자른다. 오이피클도 같은 크기로 자른다.

4 보리식빵에 햄 → 오이피클 → 베이컨을 차례로 올리고 보리식빵으로 덮어 샌드를 완성한다.

POINT

까칠한 보리식빵을 버터에 노릇하게 구워 햄과 베이컨으로 샌드를 만든 것인데 와인과 함
께하는 간단한 안주이자 식사로도 대용할 수 있는 요리이다.

MATCHING WINE

터닝리프 까베르네 쇼비뇽
단순하고 진한 맛의 카나페에
어울리며, 쉽게 마실 수 있는
솔직한 맛의 와인이다.

원산지 미국
빈티지 2004년, 2005년
가격 15,000원
WINE STYLE
DRY ★ ☆ ☆ ☆ ☆ SWEET

MATCHING FOOD _14
햄치즈카나페

READY

페퍼가 든 수제 햄	100g
슬라이스 체더치즈	3장
올리브	10개
비스킷	10개

허니머스터드소스

마요네즈	3큰술
씨머스터드	1큰술
꿀	1작은술
구운 소금	약간

RECIPE

1 페퍼가 든 수제 햄은 사방 1.5cm 크기로 자른다.

2 슬라이스 체더치즈는 햄 크기와 같게 썰어 잠시 냉동실에 살짝 얼려 놓는다. 올리브는 적당하게 슬라이스한다.

3 허니머스터드소스를 재료의 분량대로 섞는다.

4 비스킷에 허니머스터드소스를 바르고 햄, 치즈, 올리브를 올려 카나페를 완성한다.

POINT

카나페는 프랑스어로서 얇은 빵이나 크래커 위에 치즈, 햄, 쇠고기, 해산물 등 다양한 재료를 얹어 먹는 전채요리를 말한다. 재료와 조리방법에 따라 각양각색의 맛과 형태로 만들어지는 카나페는 와인과 최상의 궁합을 나타낸다.

라이스페이퍼 치킨롤

🍷 READY

라이스페이퍼 · · · · · · · · · · · · · · · · ·	10장
닭가슴살 · · · · · · · · · · · · · · · · · ·	200g
구운 소금 · 곱게 빻은 통후추 · · · · · ·	약간씩
올리브유 · · · · · · · · · · · · · · · · · ·	2큰술
다진 파슬리 · · · · · · · · · · · · · · · · ·	약간

🍷 RECIPE

1 닭가슴살은 흰 피막을 떼어내고 씻어 잔칼집을 고루 넣는다.

2 ①의 닭가슴살에 구운 소금과 곱게 빻은 통후추를 뿌려 30분 정도 밑간한 후 팬에 올리브유를 두르고 노릇하게 굽는다.

3 라이스페이퍼는 뜨거운 물에 담가 부드럽게 만든 후 도마에 올린다. ②의 닭가슴살을 결대로 굵게 찢어 조금 올리고 다진 파슬리를 뿌려 돌돌 만다.

4 단단하게 말아진 롤의 가운데를 어슷하게 썰어 접시에 담아낸다.

POINT

닭가슴살의 고소한 맛이 잘 우러나고 라이스페이퍼의 쫄깃한 질감을 느낄 수 있어 좋다. 레드와인과 화이트와인 모두 잘 어울리는 요리다.

MATCHING WINE

마스까롱 보르도 화이트
담백한 맛을 내는 치킨롤에 오크향이 살짝 감도는 화이트와인은 완벽한 조화를 이룬다.
원산지 프랑스
빈티지 2004년
가격 40,000원
WINE STYLE
DRY ★☆☆☆☆SWEET

허브연어구이꼬치

🔖 READY

연어 · 2토막(150g)
다진 바질 · · · · · · · · · · · · · · · · · · 1작은술
모차렐라치즈 · · · · · · · · · · · · · · · 100g
포도씨유 · · · · · · · · · · · · · · · · · · · 1큰술
구운 소금 · 후춧가루 · · · · · · · · · · · 약간씩
나무 꼬치 · · · · · · · · · · · · · · · · · · · 약간

🔖 RECIPE

1 연어는 사방 1.5cm 크기로 썰어 구운 소금과 후춧가루를 뿌려 밑간한다.

2 팬에 포도씨유를 두르고 ①의 연어를 노릇하게 구워낸다.

3 구운 연어가 뜨거울 때 다진 바질을 고루 뿌린다.

4 모차렐라치즈를 연어 크기로 잘라 꼬치에 연어와 번갈아 가면서 꿴다.

POINT

연어에 다진 바질의 향을 진하게 느낄 수 있어 와인의 풍미를 깊게 하는 요리이다. 시원한 화이트와인에 잘 어울리는 맛이다.

MATCHING WINE

지네스테 보르도 화이트
신선한 바질을 묻힌 담백한 연어구이와 모차렐라치즈에 잘 어울리는 시원하고 솔직한 맛의 화이트와인이다.
원산지 프랑스
빈티지 2005년
가격 18,000원
WINE STYLE
DRY ★☆☆☆☆SWEET

튜나볼

🥖 READY

참치(통조림) · · · · · · · · · · · · · · · · · · ·	1캔
다진 양파 · · · · · · · · · · · · · · · · · · ·	2큰술
다진 당근 · · · · · · · · · · · · · · · · · · ·	2큰술
다진 셀러리 · · · · · · · · · · · · · · · · · ·	2큰술
녹말가루 ·	1큰술
밀가루 ·	2큰술
구운 소금 · 후춧가루 · · · · · · · · · · ·	약간씩
올리브유 ·	1큰술
생수 ·	약간

🥖 RECIPE

1 참치는 체에 받쳐 기름을 빼고 도마에 올려 곱게 다진다.

2 다진 양파와 다진 당근, 다진 셀러리는 각각 마른 팬에서 볶아낸다.

3 볼에 참치와 ②를 넣고 구운 소금과 후춧가루로 간을 맞춘 후 녹말가루와 밀가루, 약간의 생수를 넣어 버무려 반죽한다.

4 ③의 참치를 직경 2cm 크기의 완자로 빚고 올리브유를 발라 160℃의 오븐에 10분 정도 구워낸다.

POINT

상큼한 채소와 함께 완자를 만들어 구워낸 튜나볼은 담백하고 고소한 맛이 특징이다. 어떤 소스와도 모두 어울려 미리 만들어 놓은 소스나 드레싱 등을 이용하면 좋다. 레드와인과 궁합이 잘 맞는다.

MATCHING WINE

노블 메독
고소한 튜나볼이 내는 진하고 깔끔한 맛을 다룰 줄 아는 신선한 느낌의 레드와인이다.
원산지 프랑스
빈티지 2006년
가격 24,000원
WINE STYLE
DRY★☆☆☆☆SWEET

에그오드볼

🍷 READY

달걀 · 6개
다진 당근 · · · · · · · · · · · · · · · · · · 1큰술
다진 양파 · · · · · · · · · · · · · · · · · · 2큰술
다진 파슬리 · · · · · · · · · · · · · · · · · 약간
우유 · 1큰술
구운 소금 · 흰 후춧가루 · · · · · · · · · 약간씩

🍷 RECIPE

1 달걀은 소금을 약간 넣고 노른자가 가운데에 가도록 굴려가며 14분간 완숙으로 삶는다.

2 삶은 달걀은 껍질을 벗겨 반으로 갈라 노른자와 흰자를 분리한다. 달걀흰자는 똑바로 잘 서는 것으로 10개 준비하고 노른자는 으깬다.

3 달걀흰자 2개분은 잘게 다져 으깬 달걀노른자와 우유, 구운 소금, 흰 후춧가루, 다진 당근과 양파를 넣고 섞어 반죽한다.

4 접시에 달걀흰자를 컵처럼 놓고 ③의 달걀노른자 반죽을 소복하게 올린 후 다진 파슬리로 장식한다.

POINT

달걀을 삶을 때 노른자가 가운데 가도록 삶아야 달걀흰자를 컵으로 썼을 때 모양이 일정하고 잘 세워져 깔끔한 안주를 만들 수 있다. 어떤 와인과도 잘 어울린다.

MATCHING WINE

1865 까베르네 쇼비뇽
에그오드볼의 진한 맛을 다룰 수 있는 부드러운 맛의 와인이다.
원산지 칠레
빈티지 2005년, 2006년
가격 50,000원
WINE STYLE
DRY ★★☆☆☆SWEET

MATCHING FOOD _19

올리브치즈말이

READY

슬라이스 체더치즈	4장
올리브	12개
올리브유	1작은술
나무 꼬치	6개

RECIPE

1 올리브는 올리브유에 살짝 굴려 올리브의 짠맛을 없앤다.
2 슬라이스 체더치즈는 1cm 폭으로 길게 자른다.
3 ②의 치즈에 올리브를 올려 돌돌 말아 꼬치에 두 개씩 꽂아 완성한다.

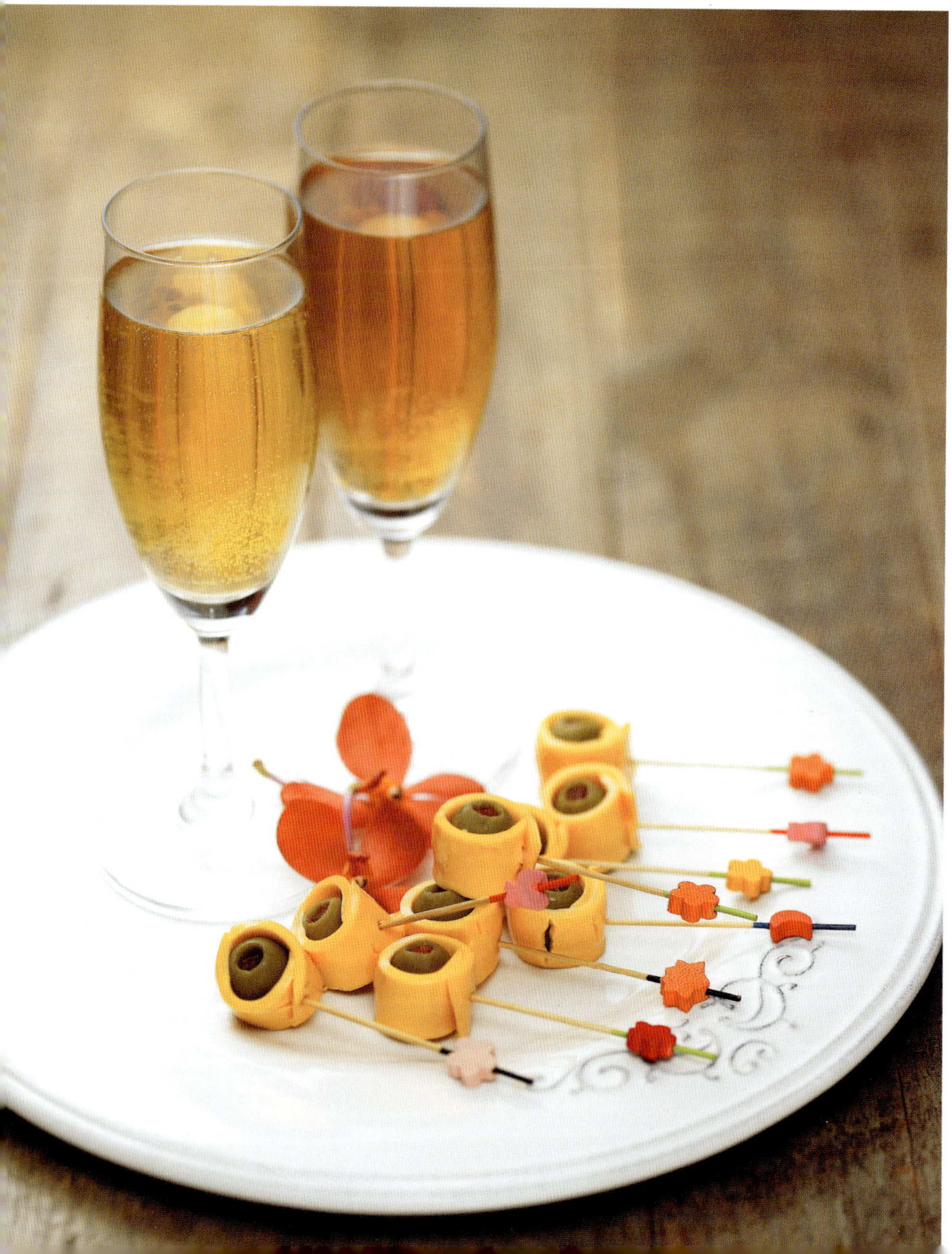

POINT

간편하게 즉석에서 만들어 먹을 수 있는 올리브치즈말이는 어떤 와인과도 궁합이 잘 맞아 와인의 풍미를 음미하게 만드는 안주이다. 올리브의 짠맛이 도드라질 수 있으니 부드럽게 올리브유에 잠시 굴리도록 한다.

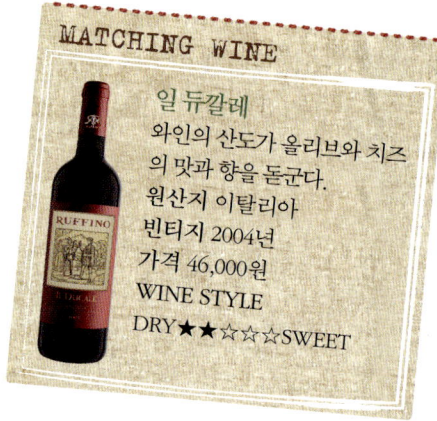

MATCHING WINE

일 듀깔레
와인의 산도가 올리브와 치즈의 맛과 향을 돋군다.
원산지 이탈리아
빈티지 2004년
가격 46,000원
WINE STYLE
DRY★★☆☆☆SWEET

MATCHING WINE

간치아 모스카토 다스티
진한 맛을 내는 요리와 어울
리는 달콤상큼한 와인이다.
원산지 이탈리아
빈티지 NV
가격 29,500원
WINE STYLE
DRY ★★★★☆SWEET

MATCHING FOOD _20
너트크림치즈와 크래커

🥢 READY

땅콩 ·	1/4컵
통아몬드 · · · · · · · · · · · · · · · · · ·	1/4컵
호두 ·	1/4컵
잣 ·	3큰술
크림치즈 · · · · · · · · · · · · · · · · · ·	2큰술
저염 크래커 · · · · · · · · · · · · · · · · ·	약간

🥢 RECIPE

1 땅콩과 호두는 껍질을 벗겨 굵게 썬다.

2 잣은 고깔을 떼어내고 키친타월에 올려 겉 기름을 없애며 통아몬드는 굵게 다진다.

3 볼에 ①과 ②의 너트 종류를 모두 넣고 크림치즈로 버무려 맛을 낸다.

4 달지 않는 저염 크래커를 준비해서 ③의 너트크림치즈를 소복하게 올려 먹는다.

POINT

스피디하게 만들 수 있는 안주가 바로 크림치즈로 버무린 견과류 종류이다. 거칠지만 부
드러운 크림치즈로 감싼 맛은 크래커와 궁합이 잘 맞아 어떤 와인과도 잘 어울린다.

싹채소 살라미말이

🪵 READY

싹채소(브로콜리싹, 메밀싹, 무싹 등) · · · 200g
살라미 · 150g
노란색 파프리카 · · · · · · · · · · · · 1/4개
주황색 파프리카 · · · · · · · · · · · · 1/4개
꼬치 · 약간

어니언크림소스

다진 양파 · · · · · · · · · · · · · · · · · · 3큰술
다진 적양파 · · · · · · · · · · · · · · · · 1큰술
크림치즈 · · · · · · · · · · · · · · · · · · 1큰술
마요네즈 · · · · · · · · · · · · · · · · · · 3큰술
씨머스터드 · · · · · · · · · · · · · · · · 1큰술
소금 · 흰 후춧가루 · · · · · · · · · · · · 약간씩

🪵 RECIPE

1 싹채소는 체에 담아 흐르는 물에 헹군 후 물기를 턴다. 파프리카는 씨를 제거하고 길이대로 길게 채 썬다.

2 살라미는 얇게 슬라이스한다.

3 어니언크림소스 재료를 모두 볼에 넣고 골고루 섞어 크림소스를 만든다.

4 살라미에 싹채소와 파프리카를 넣고 돌돌 말아 꼬치로 고정시켜 접시에 담은 후 어니언크림소스를 곁들여 낸다.

POINT

아삭하게 씹히는 싹채소의 맛이 상큼해서 시원한 화이트와인과 마시면 궁합이 잘 맞는다. 특히 살라미의 쌉쌀한 맛이 와인의 목넘김에 도움을 주어 와인의 풍미를 더욱 잘 느끼게 해준다.

MATCHING WINE

니더버그 매너하우스 쇼비뇽 블랑
크림소스, 짭조름한 살라미와 함께 하는 싹채소의 신선함을 강조해주는 와인이다.
원산지 남아프리카공화국
빈티지 2007년
가격 30,000원
WINE STYLE
DRY ★★☆☆☆ SWEET

1

2

3

4

슬라이스 햄과 파프리카말이

🎯 READY

슬라이스 햄 ······················· 10장
노란색 파프리카 ················ 1/2개
빨간색 파프리카 ················ 1/2개
주황색 파프리카 ················ 1/2개
포도씨유 ······················· 1큰술
구운 소금 ······················· 약간

🎯 RECIPE

1 슬라이스 햄은 한 장씩 찢어지지 않도록 펼쳐 놓는다.
2 파프리카는 색깔별로 준비해서 씨를 도려내고 길게 채 썬다.
3 팬에 포도씨유를 두르고 ②의 파프리카를 각각 볶아낸다. 중간에 구운 소금으로 간을 맞춰 약간 나른하게 만든다.
4 슬라이스 햄에 파프리카를 색깔별로 약간씩 놓고 돌돌 말아낸다.

POINT

간편하게 만들어 먹을 수 있는 와인 안주이다. 파프리카를 색상별로 볶아 말았기 때문에 색감이 고우면서도 포도씨유에 볶아 수분이 생기지 않아 식감이 좋다.

MATCHING WINE

35 사우스 까베르네 쇼비뇽
진하고 상쾌한 과일향이 짙은 햄과 달콤한 파프리카의 맛에 포인트를 준다.
원산지 칠레
빈티지 2006년
가격 23,000원
WINE STYLE
DRY ★★☆☆☆ SWEET

핑거휘시와 파인애플타르소스

🗒 READY

대구살 · · · · · · · · · · · · · · · · 200g
청주 · · · · · · · · · · · · · · · · · 1큰술
튀김가루 · · · · · · · · · · · · · · · 1/2컵
달걀흰자 · · · · · · · · · · · · · · 1개분
구운 소금 · 흰 후춧가루 · · · · · 약간씩
포도씨유 · · · · · · · · · · · · · · · 1컵
나무 꼬치 · · · · · · · · · · · · · · 8개

파인애플타르소스

다진 파인애플 · · · · · · · · · · · 3큰술
다진 양파 · · · · · · · · · · · · · · 1큰술
마요네즈 · · · · · · · · · · · · · · · 4큰술
레몬즙 · · · · · · · · · · · · · · · · 1큰술

🗒 RECIPE

1 대구살은 도톰하게 포를 뜬 것으로 준비해서 손가락 굵기로 썬다.
2 ①에 구운 소금과 흰 후춧가루, 청주를 뿌려 밑간한다.
3 밑간한 대구살에 나무 꼬치를 가운데 찔러 튀김가루와 달걀흰자를 섞은 반죽에 충분하게 담가 옷을 입힌 후 달군 포도씨유에 바삭하게 튀겨낸다.
4 곱게 다진 파인애플과 양파를 볼에 담고 마요네즈와 레몬즙을 섞어 소스를 만든다.
5 튀긴 핑거휘시를 유산지를 감싼 유리볼에 담고 파인애플타르소스를 곁들인다.

POINT

담백하게 튀겨낸 흰살 생선에는 달달하고 톡쏘는 맛이 나는 타르소스가 잘 맞는다. 느끼하지 않게 먹을 수 있어 시원한 화이트와인과 곁들이면 더욱 좋다.

MATCHING WINE

투 오션스 프레쉬 프루티 화이트
생선 튀김을 밝은 향과 신선한 맛으로 보충해 줄 수 있는 파인애플향이 감도는 와인이다.
원산지 남아프리카공화국
빈티지 2007년
가격 9,900원
WINE STYLE
DRY ★★☆☆☆SWEET

Part 03

한식·별미요리

갈비찜

🍷 READY

쇠갈비 · · · · · · · · · · · · · · · · · 600g
대파잎 · · · · · · · · · · · · · · · · · 2대
통후추 · · · · · · · · · · · · · · · · · 5알
소금 · · · · · · · · · · · · · · · · · · 약간
대추 · · · · · · · · · · · · · · · · · · 5개
황백지단 사방 10cm · · · · · · · · 1장
잣 · · · · · · · · · · · · · · · · · · · 1큰술

갈비 밑간
배즙 · · · · · · · · · · · · · · · · · · 1/2컵
청주 · · · · · · · · · · · · · · · · · · 3큰술

갈비 양념
간장 · · · · · · · · · · · · · · · · · · 4큰술
설탕 · · · · · · · · · · · · · · · · · · 2큰술
다진 마늘 · · · · · · · · · · · · · · · 1큰술
다진 파 · · · · · · · · · · · · · · · · 2큰술
참기름 · 깨소금 · · · · · · · · · · · 1큰술씩
후춧가루 · · · · · · · · · · · · · · · 1/4작은술

POINT

기본적인 갈비찜의 양념은 갈비 600g당 간장 4큰술, 설탕 2큰술이 가장 적당하다. 하지만 짭짤하게 먹는 것을 좋아하는 사람은 간장을 5큰술 정도 넣기도 한다. 양파즙, 사과즙, 배즙, 파인애플즙 등의 과즙을 넣을 경우에는 설탕의 양을 조금 줄여 단맛이 도드라지지 않아서 좋고 갈비찜의 고기를 연하게 하는 연육작용을 해주어 더욱 좋다.

MATCHING WINE

브로켈 말벡
적당히 진하면서도 신선한 느낌의 와인으로 살짝 달콤하면서 진한 맛의 갈비찜과 가장 잘 어울린다.
원산지 아르헨티나
빈티지 2005년
가격 45,000원
WINE STYLE
DRY ★★☆☆☆SWEET

🍷 RECIPE

1 쇠갈비는 뼈를 중심으로 5cm 크기로 토막낸 것을 준비한 후 힘줄과 기름을 떼어내고 칼집을 여러 번 넣어서 손질한다. 찬물에 40분 정도 담가 핏물을 빼는데 중간 중간 물을 갈아 넣어줘야 갈비에서 누린내가 나지 않는다.

2 핏물을 뺀 갈비는 끓는 물에 대파잎과 통후추, 소금을 약간 넣어 데쳐 기름을 뺀 후 체에 밭쳐 물기를 뺀다.

3 ②의 갈비에 배즙과 청주를 넣고 버무려 30분 정도 밑간해서 갈비의 맛을 연하고 부드럽게 만든다. 밑간한 갈비에 양념 재료를 분량대로 넣어 잘 섞어서 다시 30분 정도 재운다.

4 냄비에 재운 갈비를 넣고 중간 불에서 뚜껑을 덮어 익힌다. 너무 센 불에서 끓이면 국물이 생기기 전에 타버리므로 주의한다. 고르게 갈비가 익으면 뚜껑을 열고 가장자리로 갈비를 밀어 두고 가운데 부분의 국물을 끼얹어 가면서 갈비를 찐다. 대추, 잣 등을 함께 넣어서 찜을 한다.

5 갈비의 간이 알맞게 찜이 완성되면 그릇에 적당하게 담고 대추, 잣, 황백지단을 마름모꼴로 썰어 올려 장식한다.

배소스 너비아니

🍷 READY

쇠고기(살치살 또는 등심)	600g
잣가루	2큰술
송송 썬 실파	3큰술
포도씨유	약간

배소스

배	1/2개
양파	1/4개
포도씨유	1작은술
다진 마늘	1큰술

양념장

간장	1큰술
청주	1큰술
참기름	1작은술
깨소금	1작은술
구운 소금	약간

🍷 RECIPE

1 쇠고기는 살치살 또는 등심으로 준비하여 사방 5cm 크기로 얄팍하게 저민 후 고기망치로 두드려 연하게 한다.

2 믹서에 배와 양파, 포도씨유, 다진 마늘을 넣고 곱게 갈아 배소스를 만들어 ①의 쇠고기에 고루 발라 30분 정도 재운다.

3 양념장 재료를 골고루 섞어 ②의 배소스에 재운 고기에 넣어 간을 맞춘다.

4 잘 달궈진 그릴 팬에 포도씨유를 바르고 ③의 양념한 쇠고기를 한 장씩 구워낸다. 접시에 고기를 펼쳐 담고 잣가루와 송송 썬 실파를 뿌려낸다.

POINT

고기를 연하게 두 번 재운 너비아니는 배소스를 넣어 만들어야 부드럽다. 또 고기에 코팅이 되도록 포도씨유를 곁들여 만들면 고기가 더욱 부드럽고 구웠을 때 윤기가 많이 난다.

MATCHING WINE

트리오 까베르네 쇼비뇽
달콤한 배소스를 얹은 너비아니와 진하고 고소한 맛의 와인이 잘 어울린다.
원산지 칠레
빈티지 2006년
가격 32,000원
WINE STYLE
DRY ★★☆☆☆ SWEET

유자소스 삼치

🍷 READY

삼치 · 1마리
무순 · 30g
레디쉬 · 30g
구운 소금 · · · · · · · · · · · · · · · · · · 1작은술
쌀뜨물 · 2컵
포도씨유 · 약간
유자 오리엔탈소스
시판 오리엔탈소스 · · · · · · · · · · · · · 3큰술
유자청 · 1큰술

🍷 RECIPE

1 삼치는 머리와 꼬리지느러미를 정리하고 반을 갈라 내장을 뺀 후 쌀뜨물에 헹궈 건진다.
2 ①의 삼치에 구운 소금을 뿌려 채반에 올린 후 간이 꾸덕하게 배도록 30분 정도 둔다.
3 팬에 포도씨유를 약간 두른 후 ②의 삼치를 앞뒤로 노릇하게 굽는다.
4 구운 삼치를 접시에 담고 유자청을 섞은 오리엔탈 소스를 듬뿍 끼얹어 무순과 채 썬 레디쉬를 곁들여 낸다.

POINT

삼치는 살집이 두텁고 구웠을 때 단맛이 많이 나는 생선이다. 쌀뜨물에 헹궈 채반에 넣어 말린 후에 구우면 살집에 탄력이 생겨 부서지지 않고 맛이 더욱 좋다.

MATCHING WINE

블루넌 화이트
단맛이 강한 생선인 삼치와 유자소스에는 상큼하게 달콤한 블루넌 화이트가 제격이다.
원산지 독일
빈티지 2006년
가격 13,500원
WINE STYLE
DRY ★★★☆☆ SWEET

미니녹두전

🗒 READY

시판 녹두가루(빈대떡가루)	2+1/2컵
찹쌀가루	3큰술
녹말가루	1작은술
부추	100g
배추김치	100g
돼지고기(목삼겹)	300g
포도씨유	약간

가루반죽

물	3컵
소금	약간

부추 · 배추김치 무침 양념장

간장	1작은술
고운 고춧가루	1큰술
참기름	1큰술
깨소금	1큰술
다진 마늘	1작은술
다진 파	1큰술

돼지고기 양념장

다진 파	1작은술
다진 마늘	1작은술
청주	1작은술
참기름	1/2작은술
소금 · 후춧가루	약간씩

🗒 RECIPE

1 준비한 시판 녹두가루에 찹쌀가루와 녹말가루를 섞어 체에 내린 후 물과 소금을 넣어 반죽한다. 반죽을 떴을 때 뚝뚝 떨어지는 농도로 맞춘다.

2 부추는 다듬어 씻어 1cm 길이로 썰고 배추김치는 국물을 꼭 짜서 사방 1cm 크기로 송송 썬다. 부추와 배추김치는 무침 양념장에 조물조물 각각 무쳐 놓는다.

3 돼지고기는 삼겹살이나 목살로 준비하여 2~3cm 길이로 얄팍하게 채 썰어 고기 양념장에 조물조물 무친다.

4 오븐 팬에 포도씨유를 고루 펴 바르고 ①의 반죽을 국자로 떠서 직경 8cm 크기로 만든다.

5 부추, 배추김치 무침, 고기 무침을 소복하게 올린 후 180℃로 예열한 오븐에 ④를 넣고 15분 정도 익힌 다음 꺼내 뒤집어서 다시 5분 정도 익힌다. 송송 썬 실파를 듬뿍 넣은 초간장과 곁들여 먹는다.

POINT

부침가루에 찹쌀가루나 녹말가루를 섞을 때에는 체에 한번 쳐서 가루가 서로 잘 섞이도록 해야 반죽이 부드럽게 잘 만들어진다. 달걀은 넣지 않아야 부침이 딱딱해지지 않는다.

1

2-3

4

5

MATCHING WINE

코스탈 빈야드 샤르도네
녹두, 배추, 부추, 돼지고기가 들어간 복잡한 맛과 잘 어울리는 깔끔하게 진한 와인이다.
원산지 미국
빈티지 2003년
가격 45,000원
WINE STYLE
DRY★★☆☆☆SWEET

삼겹살튀김강정

🫓 READY

삼겹살(덩어리) · · · · · · · · · · · · · · ·	400g
녹말가루 · · · · · · · · · · · · · · · · ·	2큰술
소금 · 후춧가루 · · · · · · · · · · · · ·	약간씩
생강즙 · · · · · · · · · · · · · · · · · · ·	1작은술
대파 ·	2대
붉은 고추 · · · · · · · · · · · · · · · · ·	1개
튀김기름 · · · · · · · · · · · · · · · · · ·	약간

조림장

간장 ·	3큰술
물엿 ·	2큰술
맛술 ·	1큰술
다시마 우린 물 · · · · · · · · · · · · ·	3큰술
다진 마늘 · · · · · · · · · · · · · · · · ·	1작은술
참기름 · · · · · · · · · · · · · · · · · · ·	1/2작은술
소금 · 후춧가루 · · · · · · · · · · · · ·	약간씩

🫓 RECIPE

1 삼겹살은 덩어리로 준비하여 사방 4cm 크기로 도톰하게 잘라 소금과 후춧가루, 생강즙을 뿌려 30분 이상 재운다.

2 재운 삼겹살에 녹말가루를 골고루 입혀서 180℃로 달군 튀김기름에 바싹 튀겨낸 후 기름을 뺀다.

3 대파는 2cm 길이로 썰고 붉은 고추는 1cm 길이로 썰어 씨를 뺀다. 대파와 붉은 고추도 튀김기름에 살짝 튀겨내 기름을 뺀다.

4 냄비에 조림장을 모두 붓고 약한 불에서 끓이다가 끓으면 삼겹살과 대파, 붉은 고추를 넣어 중간 불에서 재빨리 조려서 윤기가 돌고 간이 배면 접시에 담아낸다.

POINT

삼겹살은 돼지의 배 부위에 있는 살로서 지방과 살이 겹겹으로 되어 있다. 특히 지방이 돼지고기 전 부위 중 가장 많다. 단백질은 비교적 적고 비타민과 무기질은 다른 부위와 비슷하다. 육질은 단단한 편이지만 오랜 시간 끓이면 연해진다. 특히 지방의 질이 좋아 푹 고아 먹으면 맛이 뛰어나다. 주로 구이에 많이 쓰이며 기름을 뺀 후 조림 요리에 사용해도 좋다.

MATCHING WINE

니더버그 파운데이션 쉬라즈 피노타쥐
쫄깃하면서도 간장으로 조려서 맛이 진한 요리와 잘 어울리는 레드와인으로 후추향이 감도는 부드러운 맛이다.
원산지 남아프리카공화국
빈티지 2007년
가격 16,000원
WINE STYLE
DRY★☆☆☆☆SWEET

허브홍합찜

📛 READY

피홍합 · · · · · · · · · · · · · · · · · · ·	250g
굵은 소금 · · · · · · · · · · · · · · ·	약간
마른 홍고추 · · · · · · · · · · · · ·	2개
통후추 · · · · · · · · · · · · · · · · ·	5알
물 · · · · · · · · · · · · · · · · · · ·	3컵

찜 양념장

생로즈메리 · · · · · · · · · · · · ·	2줄기
다진 마늘 · · · · · · · · · · · · · ·	1큰술
화이트와인 · · · · · · · · · · · · ·	1/2컵
굴소스 · · · · · · · · · · · · · · · ·	2큰술

📛 RECIPE

1 피홍합은 가위로 수염을 자르고 물에 여러 번 헹군다.

2 냄비에 물 3컵을 붓고 마른 홍고추와 통후추, 굵은 소금을 약간 넣어 끓이다가 끓으면 홍합을 삶아 건진다.

3 홍합 껍질을 한쪽만 떼어내고 홍합의 속살이 찢어지지 않게 정리한다.

4 냄비에 생로즈메리를 뜯어 넣고 다진 마늘, 화이트와인, 굴소스를 넣어 잘 섞은 후 ③의 홍합을 넣고 버무려 약한 불에서 5분 정도 찐다.

POINT

홍합 속살을 떼어 먹는 맛이 쏠쏠한 허브홍합찜은 먼저 홍합의 비린맛이 없도록 향신채를 넣고 삶아 건진 상태에서 찜을 해야 더욱 깔끔하게 와인과 곁들이는 안주가 된다. 약간 매콤한 맛이 훨씬 잘 어울리므로 홍합을 삶을 때 매운 마른 홍고추를 넣고 삶아야 한다.

MATCHING WINE

산타 마게리타 피노 그리지오

허브향이 가득한 홍합찜의 짙은 맛을 달래줄 맑은 향과 느낌을 간직하고 있는 와인이다.

원산지 이탈리아
빈티지 2007년
가격 40,000원
WINE STYLE
DRY ★★☆☆☆SWEET

베이컨 마늘종말이

🥖 READY

베이컨 ·	10줄
마늘종 ·	10줄
오리 훈제육포 · · · · · · · · · · · · · · · · ·	50g
간장 ·	1큰술
물엿 ·	1작은술
청주 ·	1큰술
올리브유 ·	2큰술
나무 꼬치 · · · · · · · · · · · · · · · · · · ·	약간

🥖 RECIPE

1 베이컨은 키친타월에 올려 기름기를 닦고 10cm 길이로 자른다.

2 오리 훈제육포는 길이 5cm, 폭 0.5cm로 자른다. 마늘종은 깨끗이 씻어 5cm 길이로 썬다.

3 베이컨을 도마에 길게 펼치고 육포와 마늘종을 2~3개씩 올린 후 돌돌 말아 나무 꼬치로 고정시킨다.

4 팬에 올리브유를 두르고 ③을 올려 앞뒤로 노릇하게 굽는다. 꼬치를 빼고 간장, 물엿, 청주를 넣어 간을 맞춰서 약한 불에서 조려낸다.

POINT

아릿하게 씹히는 마늘종의 맛이 베이컨과 육포의 풍미를 더욱 진하게 해준다. 만들기 간편하고 먹기에도 좋으며 스위트한 레드와인과 궁합이 잘 맞는다.

MATCHING WINE

트리오 메를로
고소함과 쌉싸래한 맛을 달래주는 부드러움을 한껏 간직한 와인이다.
원산지 칠레
빈티지 2006년
가격 32,000원
WINE STYLE
DRY ★★☆☆☆ SWEET

MATCHING FOOD _8

갈릭젤리와 갈릭칩

READY

슬라이스 체더치즈 ········ 4장
깐 마늘 ········ 30개
쌀조청 ········ 1/4컵
올리브유 ········ 1큰술

RECIPE

1 깐 마늘은 뿌리 부분을 말끔하게 도려낸다.
2 마늘의 반은 끓는 물에 살짝 데쳐 식힌다.
3 냄비에 쌀조청을 붓고 ②의 데친 마늘을 넣어 아주 약한 불에서 20분 정도 조려 갈릭젤리를 만든다.
4 나머지 마늘은 얄팍하게 저며 썰어 올리브유를 넣어 버무린 후 미리 예열한 150℃의 오븐에 넣어 바삭하게 구워낸다.

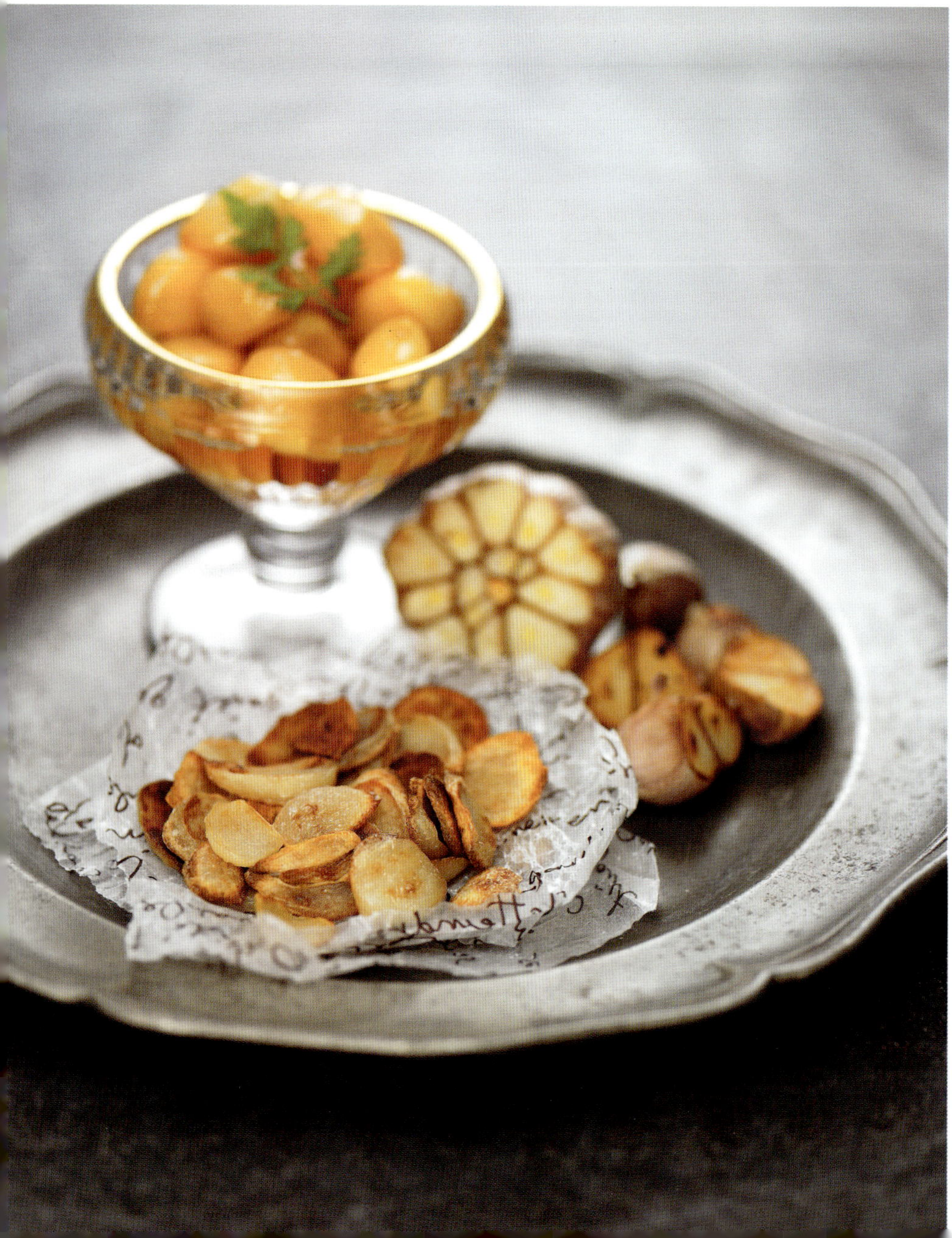

POINT

마늘은 굽거나 익히면 단맛이 많이 생기면서 아린맛은 없어진다. 쫄깃하면서 달달한 갈릭젤리와 오븐에 오일을 발라 낮은 온도에서 바삭하게 구워낸 갈릭칩은 치즈와 곁들이거나 사과를 아주 얇게 썰어 얹어 와인과 함께 먹으면 씹히는 질감과 궁합이 잘 맞는다.

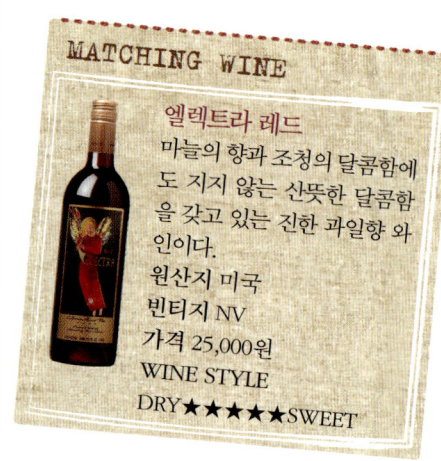

MATCHING WINE

엘렉트라 레드
마늘의 향과 조청의 달콤함에도 지지 않는 산뜻한 달콤함을 갖고 있는 진한 과일향 와인이다.
원산지 미국
빈티지 NV
가격 25,000원
WINE STYLE
DRY★★★★★SWEET

MATCHING WINE

갈베 리저브 레드
너무 무겁지 않은 레드와인
이 소스를 쓰지 않은 담백한
등심구이와 잘 어울린다.
원산지 프랑스
빈티지 2002년
가격 22,000원
WINE STYLE
DRY ★★☆☆☆SWEET

MATCHING FOOD _9
등심구이와 당면샐러드

🌿 READY

고기(등심) ·	400g
구운 소금 · 곱게 빻은 통후추 · · · · · · ·	약간씩
마른 당면 ·	30g
셀러리 ·	2대
양파 ·	1/2개
마른 홍고추 ·	1개
마늘 ·	3쪽
간장 ·	1작은술
굴소스 · 맛술 ·	1큰술씩
물엿 ·	1작은술
올리브유 ·	1큰술

🌿 RECIPE

1 쇠고기는 등심으로 준비하여 손가락 굵기와 길이로 썬 후 구운 소금과 곱게 빻은 통후추를 고루 뿌려 밑간한다.

2 마른 당면은 물에 담가 불리고 셀러리, 양파, 마른 홍고추, 마늘은 굵게 채 썬다.

3 팬에 올리브유를 두르고 양파와 마른 홍고추, 마늘을 볶아 향이 올라오면 당면과 셀러리를 넣어 볶다가 굴소스, 간장, 맛술, 물엿을 넣은 후 구운 소금으로 간을 맞춰 나른하게 볶아낸다.

4 ③의 팬에 올리브유를 약간 두르고 ①의 쇠고기 등심을 한 장씩 올려 풍미가 나도록 구워낸다.

5 구운 쇠고기 등심을 접시에 돌려 담고 당면샐러드를 가운데 소복하게 올려낸다.

POINT

불린 당면은 팬에서 나른하게 볶아야 당면의 질감이 쫄깃하고 딱딱하지 않는데 불릴 때 미지근한 물에 20분 이상 불리는 것이 좋다. 쇠고기 등심에는 다른 양념보다는 소금과 후 춧가루로만 밑간을 해야 고기가 가지고 있는 풍미를 살릴 수 있다.

구운 불고기꼬치

READY

쇠고기(불고깃감) · · · · · · · · · · · · · · ·	600g
잣가루 · · · · · · · · · · · · · · · · ·	3큰술
꽈리고추 · · · · · · · · · · · · · · · ·	20개
송송 썬 실파 · · · · · · · · · · · · · ·	2큰술
나무 꼬치 · · · · · · · · · · · · · · ·	약간

불고기 양념장

간장 · · · · · · · · · · · · · · · · · ·	4큰술
설탕 · · · · · · · · · · · · · · · · · ·	1큰술
배즙 · · · · · · · · · · · · · · · · · ·	1큰술
양파즙 · · · · · · · · · · · · · · · · ·	1큰술
청주 · · · · · · · · · · · · · · · · · ·	1큰술
다진 마늘 · · · · · · · · · · · · · · ·	1큰술
생강가루 · · · · · · · · · · · · · · · ·	약간
참기름 · · · · · · · · · · · · · · · · ·	1큰술
소금 · 후춧가루 · · · · · · · · · · · · ·	약간씩

RECIPE

1 쇠고기는 불고깃감으로 준비하여 핏물을 키친타월에 감싸 닦은 후 도마에 올려 잔칼집을 넣는다.

2 꽈리고추는 씻어 꼭지를 떼어내고 실파는 송송 썬다.

3 불고기 양념장을 재료의 분량대로 섞어 만든 후 고기와 꽈리고추를 넣어 고루 버무려 재운다.

4 나무 꼬치에 꽈리고추→불고기→꽈리고추 순으로 꾸불거리도록 꿰고 석쇠 또는 그릴에 남은 양념을 발라가면서 굽는다.

5 접시에 구운 불고기꼬치를 담고 잣가루와 실파를 듬뿍 뿌려낸다.

POINT

보통 고기 양념에 넣는 즙은 강판에 곱게 갈아 면포에 짜서 즙만 넣어야 굽더라도 불에서 타지 않고 깔끔하다. 특히 구울 때에는 깨소금, 통깨, 파, 고춧가루 등은 넣지 않아야 깔끔하게 구워진다.

MATCHING WINE

마스까롱 메독
달콤한 불고기에 어울리는 짙은 맛과 잘익은 붉은 과일 향을 가장 알맞게 간직한 와인이다.
원산지 프랑스
빈티지 2005년
가격 39,000원
WINE STYLE
DRY★☆☆☆☆SWEET

고기소 새송이버섯구이

🥖 READY

새송이버섯 · · · · · · · · · · · · · · · 4개
다진 쇠고기 · · · · · · · · · · · · · · 150g
구운 은행 · · · · · · · · · · · · · · · · 8알
잣가루 · · · · · · · · · · · · · · · · · 2큰술
녹말가루 · · · · · · · · · · · · · · · · 2큰술
들기름 · · · · · · · · · · · · · · · · · 1큰술
포도씨유 · · · · · · · · · · · · · · · · 1큰술

고기 양념장

소금 · 후춧가루 · · · · · · · · · · · · 약간씩
참기름 · · · · · · · · · · · · · · · · 1/2작은술

들깨소스

들기름 · · · · · · · · · · · · · · · · 1작은술
간장 · · · · · · · · · · · · · · · · · · 1큰술
다시마 우린 물 · · · · · · · · · · · · · 1큰술
들깨가루 · · · · · · · · · · · · · · · · 1큰술
맛술 · · · · · · · · · · · · · · · · · 1작은술
소금 · · · · · · · · · · · · · · · · · · · 약간

🥖 RECIPE

1 새송이버섯은 길이대로 0.5cm 두께로 썬다.

2 다진 쇠고기는 분량의 고기 양념을 한 후 녹말가루를 입혀 ①의 새송이버섯 가운데 부분에 붙인다.

3 들깨소스를 재료의 분량대로 골고루 섞어 만든다.

4 팬에 들기름과 포도씨유를 1:1비율로 섞어 두르고 끓어오르면 고기 얹은 새송이버섯을 노릇하게 구워낸다.

5 접시에 구운 새송이버섯을 담고 들깨소스를 뿌린 후 구운 은행과 잣가루를 올려낸다.

POINT

새송이버섯을 구울 때에는 들기름과 포도씨유를 섞은 기름에 구워야 버섯의 질감에서 풍미가 느껴지고 식어도 맛이 변하지 않아 술안주로 적합하다.

MATCHING WINE

까스띠요 데 몰리나 까르미네르
곁들인 들깨향을 수용할 수 있는 자연 향신료의 느낌을 많이 품고 있는 풍부한 와인이다.
원산지 칠레
빈티지 2006년
가격 35,000원
WINE STYLE
DRY ★★☆☆☆ SWEET

훈제연어 꽃말이냉채

READY

훈제연어(슬라이스) · · · · · · · · · · · · · 200g
케이퍼 · 20g
치커리 · 50g
레몬 · 1/2개

타르소스

다진 양파 · · · · · · · · · · · · · · · · · · · 1큰술
마요네즈 · 3큰술
씨머스터드 · · · · · · · · · · · · · · · · · · 1큰술
레몬즙 · 1큰술
설탕 · 2큰술
소금 · 흰 후춧가루 · · · · · · · · · · · · 약간씩

RECIPE

1 훈제연어는 슬라이스된 것으로 구입하여 키친타월에 한 장씩 떼어 올린 후 겉 기름기를 자연스럽게 없앤다.

2 케이퍼는 체에 건져 물기를 빼고 치커리는 물에 헹궈 적당한 크기로 찢어 물기를 턴다. 레몬은 세로로 2등분해서 얄팍하게 슬라이스한다.

3 다진 양파를 볼에 담고 마요네즈와 씨머스터드, 레몬즙, 설탕, 소금, 흰 후춧가루를 넣어 골고루 섞어 타르소스를 만든다.

4 접시에 연어 조각을 한 장씩 올리고 치커리와 레몬을 놓고 돌돌 말아 꽃모양으로 만든다.

5 ④의 연어에 케이퍼를 2~3개씩 올려 장식하여 접시에 돌려 담고 가운데 치커리와 레몬으로 장식한 후 타르소스를 곁들인다.

POINT

훈제연어는 기름기가 많으나 먹을 때의 부드러운 질감이 아주 좋다. 하지만 기름에서 배어 나오는 연어의 맛이 자칫 비릴 수 있으니 키친타월에 한 장씩 올려 두었다가 기름기를 없앤 후 요리하는 것이 좋다.

MATCHING WINE

몰리나 소비뇽 블랑
시원하고 담백한 훈제연어 냉채와 상큼한 맛과 향의 몰리나 소비뇽 블랑의 조화가 일품이다.
원산지 칠레
빈티지 2007년
가격 35,000원
WINE STYLE
DRY ★★☆☆☆ SWEET

LA갈비구이

🥄 READY

LA갈비 · · · · · · · · · · · · · · · · 600g
잣 · · · · · · · · · · · · · · · · · · · 7큰술
허브 · · · · · · · · · · · · · · · · · · 약간
포도씨유 · · · · · · · · · · · · · · · 1큰술

갈비 양념장

간장 · · · · · · · · · · · · · · · · · · 4큰술
설탕 · · · · · · · · · · · · · · · · · · 1큰술
배즙 · · · · · · · · · · · · · · · · · · 1큰술
양파즙 · · · · · · · · · · · · · · · · 1큰술
다진 마늘 · · · · · · · · · · · · · · 1큰술
청주 · · · · · · · · · · · · · · · · · · 1큰술
참기름 · · · · · · · · · · · · · · · 1작은술
소금 · 후춧가루 · · · · · · · · · · 약간씩

🥄 RECIPE

1 LA갈비는 찬물에 담가 핏물을 빼고 채반에 건져 물기를 없앤 후 잔칼집을 고루 넣는다.

2 잣은 고깔을 떼어내고 키친타월에 올려 칼로 곱게 다져 가루를 만든다.

3 갈비 양념장을 재료의 분량대로 골고루 섞어 만든 후 갈비에 앞뒤로 간이 배도록 30분 이상 재운다.

4 팬에 포도씨유를 두르고 ③의 갈비를 한 장씩 구워 접시에 담고 잣가루를 고루 뿌린 후 깨끗하게 씻은 허브를 올려 모양을 낸다.

POINT

갈비를 구울 때 팬을 달군 후에 포도씨유를 약간씩 발라 구우면 고기가 식어도 뻣뻣하지 않고 양념의 풍미가 그대로 살아 있다.

MATCHING WINE

마스카롱 퓌스갱 쎙떼밀리옹
단단하면서도 지나치게 무겁지 않은 와인으로 고소하면서도 진한맛이 감도는 갈비구이와 잘 어울린다.
원산지 프랑스
빈티지 2004년
가격 50,000원
WINE STYLE
DRY ★☆☆☆☆SWEET

레몬문어초회

🍴 READY

레몬 · 1개
냉동 자숙문어 · · · · · · · · · · · · · · · · · 300g
올리브유 · · · · · · · · · · · · · · · · · 1작은술
소금 · 약간
양파 · 1/2개
통후추 · 3알
물 · 2컵

🍴 RECIPE

1 레몬은 깨끗이 씻어 반달로 썬 후 얄팍하게 슬라이스한다.
2 냉동 자숙문어는 해동시켜 사방 3cm 크기로 얄팍하게 저며 썬다.
3 냄비에 물 2컵을 붓고 양파와 통후추, 올리브유, 소금을 넣어 끓이다가 끓으면 ②의 문어를 넣고 3분 정도 데쳐 식힌다.
4 접시에 문어와 레몬을 켜켜로 담아 레몬의 상큼한 맛이 문어에 스며들게 한 후 먹는다.

POINT

새콤한 레몬과 데친 문어는 씹히는 질감이 아주 좋고 문어를 다른 초장이나 양념 소스 없이 레몬 자체만으로 새콤하게 먹는 것이 좋다.

MATCHING WINE

드보이스
와인 가득한 탄산가스가 새콤한 문어요리를 더 시원하게 해주며 레몬에 어울리는 페트롤향이 좋다.
원산지 스페인
빈티지 NV
가격 12,000원
WINE STYLE
DRY ★☆☆☆☆SWEET

양송이버섯 소시지대파구이

🍷 READY

양송이버섯 · · · · · · · · · · · · · · · · ·	12개
수제 소시지 · · · · · · · · · · · · · · ·	5개
대파 ·	3개
쇠 꼬치 · · · · · · · · · · · · · · · · · ·	5개
소금물 · 기름 · · · · · · · · · · · · ·	약간

고추장소스

고추장 · · · · · · · · · · · · · · · · · ·	3큰술
물엿 ·	2큰술
다진 마늘 · · · · · · · · · · · · · · ·	1/4작은술
청주 ·	1큰술
올리브유 · · · · · · · · · · · · · · · ·	1큰술
통깨 ·	약간

🍷 RECIPE

1 양송이버섯은 깨끗이 씻어서 갓 껍질을 벗기고 반을 가른다.

2 수제 소시지는 소금물에 헹궈 건진 후 3cm 길이로 썰어 칼집을 양옆에 넣는다.

3 대파는 3cm 길이로 토막 낸 후 쇠 꼬치에 양송이버섯→대파→수제 소시지 순으로 꿴다.

4 고추장에 물엿과 다진 마늘, 청주, 올리브유를 넣고 골고루 섞어서 통깨를 뿌려 매콤한 고추장소스를 만들어 ③에 고루 바른다.

5 팬에 기름을 약간 두르고 ④의 남은 고추장소스를 넣어 끓이다가 끓으면 쇠 꼬치에 꿴 양송이버섯 소시지대파를 앞뒤로 구우면서 고추장의 맛이 배도록 한다.

POINT

양송이버섯은 갓 껍질을 완전하게 벗긴 상태에서 반을 자르고 단면이 위로 오도록 꼬치에 꿰야 먹음직스러운 모양이 되고 고추장소스가 잘 밴다.

MATCHING WINE

마르께스 데 까세레스 로사도

자칫 느끼할 수 있는 안주를 상큼하게 만들어 주는 딸기 향 가득한 로제와인이다.

원산지 스페인
빈티지 2007년
가격 25,000원

WINE STYLE

DRY ★☆☆☆☆ SWEET

해물파전

🍴 READY

쪽파 ·	100g
달걀 ·	3개
조갯살 ·	50g
오징어 ·	1/2마리
새우살 ·	30g
밀가루 ·	1+1/2컵
녹말가루 · · · · · · · · · · · · · · · · · · ·	2큰술
다시마 우린 물 · · · · · · · · · · · · · · ·	1컵
소금 · 실고추 · 통깨 · · · · · · · · · · · ·	약간씩

POINT

해산물을 넣은 해물파전도 와인과 잘 어울리는 아주 좋은 안주감이다. 부침에는 오징어, 낙지, 조갯살 등의 해물을 넣어 먹으면 더욱 맛있는데 소금, 후춧가루, 생강즙, 청주, 맛술, 다진 마늘 등의 향신채로 밑간을 해서 비린내를 없애는 것이 중요하다.

🍴 RECIPE

1 쪽파는 깨끗이 다듬어 씻어 물기를 빼고 8cm 길이로 썬다. 달걀은 알끈을 제거하고 풀어서 준비한다.

2 조갯살은 옅은 소금물에 헹궈 물기를 뺀 후 볼에 담아 준비한다. 비릿한 맛을 없애기 위해 마늘이나 생강즙으로 밑간해도 무방하다. 새우살은 소금물에 헹궈 건지고 오징어는 내장과 먹물을 빼고 씻어서 껍질째 곱게 채 썬다.

3 다시마 우린 물에 밀가루와 녹말가루를 섞어서 풀어 걸쭉한 상태로 반죽한 후 약간의 소금으로 간을 맞춘다.

4 팬에 기름을 두르고 달군 후 밀가루 반죽을 넓은 모양으로 한 국자씩 떠놓고 위에 쪽파를 가지런히 놓는다. 조갯살, 오징어, 새우살을 쪽파 위에 뿌리고 실고추와 통깨를 올려 모양을 살린 후 달걀물 한 숟가락과 밀가루 반죽 한 숟가락을 약간씩 뿌려서 쪽파가 떨어지지 않도록 부친다.

MATCHING WINE

트리오 샤르도네
자칫 느끼할 수 있는 파전을 신선하게 먹도록 도와 주는 깔끔한 와인이다.
원산지 칠레
빈티지 2007년
가격 32,000원
WINE STYLE
DRY ★★☆☆☆SWEET

골뱅이무침과 소면

READY

소면 · 200g
골뱅이(통조림) · · · · · · · · · · · · · · · · 1통
대파 · 2대
오이 · 1/2개
청양고추 · 1개
붉은 고추 · 1개
소금 · 약간

양념장

고운 고춧가루 · · · · · · · · · · · · · · · · 2큰술
간장 · 1큰술
다진 마늘 · 1큰술
식초 · 3큰술
설탕 · 3큰술
참기름 · 1/2작은술
깨소금 · 1작은술
골뱅이 국물 · · · · · · · · · · · · · · · · · · 약간

RECIPE

1 소면은 끓는 물에 약간의 소금을 넣어 부채 모양으로 펼쳐 삶는다. 쫄깃하게 익으면 찬물에 여러 번 헹궈 채반에 올려 물기를 뺀다.

2 골뱅이통조림은 체에 밭쳐 골뱅이만 준비하는데 큰 것은 반을 가르고 작은 것은 그대로 쓴다.

3 골뱅이 국물을 볼에 약간 따르고 고춧가루와 간장, 식초를 섞어 불린 후 나머지 양념을 모두 넣어 골고루 섞어 양념장을 만든다.

4 대파는 길게 채 썰어 찬물에 헹궈 건지고 오이와 청양고추, 붉은 고추는 어슷하게 곱게 채 썬다.

5 ③의 양념에 골뱅이와 ④의 채소를 넣고 골고루 버무려 맛이 나면 쫄깃하게 삶아 놓은 소면을 넣어 비벼 먹는다.

POINT

새콤하게 버무린 골뱅이의 맛은 골뱅이 통조림 국물에 불린 고춧가루가 좌우한다. 고춧가루가 슴슴하게 불려진 상태로 양념이 되어 골뱅이와 채소가 버무려진 후에 소면을 무쳐야 간이 고루 배고 더욱 쫄깃한 질감의 골뱅이를 맛볼 수 있다.

MATCHING WINE

블루넌 와인메이커스 패션
매콤새콤달콤한 골뱅이무침을 시원하고 달콤하게 감싸 줄 수 있는 와인이다.
원산지 독일
빈티지 2006년
가격 25,000원
WINE STYLE
DRY ★★★★☆ SWEET

바삭두부샌드

🍷 READY

두부 · 1모
양상추 · · · · · · · · · · · · · · · · · · · 1/4포기
구운 소금 · · · · · · · · · · · · · · · · · · 약간
시판 프렌치 디종 머스터드 드레싱 · · · · 5큰술
포도씨유 · · · · · · · · · · · · · · · · · · · 5큰술

🍷 RECIPE

1 두부는 삼각형 모양으로 도톰하게 썬 후 구운 소금을 뿌려 잠시 밑간한다.
2 밑간한 두부의 물기를 완전히 닦고 팬에 포도씨유를 넉넉하게 두른 후 튀기듯이 노릇하고 바삭하게 구워내 기름을 뺀다.
3 싱싱하게 씻은 양상추를 손으로 뜯어 접시에 깐다.
4 바삭하게 구워낸 두부를 올리고 시판하는 프렌치 디종 머스터드 드레싱을 듬뿍 뿌려 먹는다.

POINT

프렌치 디종 머스터드 드레싱은 프랑스 디종 지방의 특산물인 디종 머스터드와 벌꿀 화이트와인으로 만든 시판 제품이다. 톡 쏘는 듯한 맛과 달콤한 맛이 고소하고 바삭하게 튀겨낸 두부, 신선하고 아삭한 양상추와 궁합이 아주 잘 맞는다. 드라이한 와인에 더욱 어울리는 안주이다.

MATCHING WINE

블루넌 화이트
상쾌하면서 가볍고 살짝 달콤한 맛이 바삭한 두부구이의 담백하고 고소한 맛을 돋군다.
원산지 독일
빈티지 2006년
가격 13,500원
WINE STYLE
DRY ★★★☆☆ SWEET

오징어링 채소전꼬치

READY

오징어(몸통)	2마리분
으깬 감자	1컵
다진 당근	3큰술
다진 청피망	2큰술
녹말가루	3큰술
밀가루	5큰술
달걀	2개
소금 · 후춧가루	약간씩
포도씨유	2큰술
나무 꼬치	약간

RECIPE

1 오징어는 몸통으로 준비해서 내장을 빼고 껍질이 있는 채로 씻어서 1cm 폭으로 자른다.

2 으깬 감자에 다진 당근과 다진 청피망을 넣고 섞은 후 소금과 후춧가루로 간을 한다.

3 ①의 오징어링 안쪽에 녹말가루를 바르고 ②의 감자를 적당하게 넣어 전을 만든다.

4 ③을 밀가루와 달걀물에 충분하게 옷을 입힌 후 포도씨유를 두른 팬에서 노릇하게 부쳐낸다. 나무 꼬치에 꿰서 완성한다.

POINT

쫄깃한 오징어와 부드러운 감자가 궁합이 잘 맞으며 포만감이 큰 안주이다.

MATCHING WINE

산타 마게리타 피노 그리지오
담백한 맛에 잘 어울리는 맑고 깔끔한 느낌의 화이트와인이다.
원산지 이탈리아
빈티지 2006년
가격 40,000원
WINE STYLE
DRY ★☆☆☆☆ SWEET

와인삼겹살구이와 묵은지쌈

🍷 READY

묵은 배추김치 · · · · · · · · · · · · · · · · 1/2포기
통삼겹살 · · · · · · · · · · · · · · · · · 600g
쪽파 · 10대
붉은 고추 · · · · · · · · · · · · · · · · · 2개

와인소스

레드와인 · · · · · · · · · · · · · · · · · · 1/2컵
월계수잎 · · · · · · · · · · · · · · · · · · 2장
다진 바질 · · · · · · · · · · · · · · · · · 2큰술
다진 마늘 · · · · · · · · · · · · · · · · · 1큰술
올리브유 · · · · · · · · · · · · · · · · · 1큰술

🍷 RECIPE

1 묵은 배추김치는 소를 털고 찬물에 두 번 정도 헹궈 건져서 물기를 꼭 짠다.

2 묵은 배추김치를 줄기와 잎을 나눠 썰어 접시에 담고 쪽파는 다듬어 씻어서 5cm 길이로 썰고 붉은 고추도 쪽파 길이로 썰어서 씨를 턴다.

3 레드와인에 올리브유, 월계수잎, 다진 바질, 다진 마늘을 넣어 골고루 섞은 후 통삼겹살에 뿌린 후 1시간 이상 숙성시킨다.

4 미리 예열한 180℃의 오븐 밑판에 물을 1컵 정도 붓고 오븐 그릴을 올린 후 ③을 넣어 40분 정도 굽는다. 중간에 돼지고기를 뒤집어 고루 익게 한다.

5 삼겹살이 익으면 꺼내 한 김 식힌 후 0.3cm 두께로 얄팍하게 저며 썰어 묵은지에 쪽파, 붉은 고추와 함께 돌돌 말아 쌈을 만들어 곁들여낸다.

POINT

묵은 배추김치는 적어도 6개월 이상을 묵혀놓은 것을 말하는데 오래 묵히는 김치일수록 고춧가루와 마늘로만 간을 해서 김치가 무르지 않고 싱싱하고 깔끔하다. 자칫 묵은 냄새가 날 수 있으니 찬물에 잠시 담갔다가 건져서 헹궈놓는 것도 하나의 방법이다.

MATCHING WINE

마르께스 데 까세레스 크리안자
삼겹살의 연한 맛, 씻은 묵은지의 새콤한 감칠맛은 숙성된 크리안자와 찰떡궁합이다.
원산지 스페인
빈티지 2003년
가격 34,000원
WINE STYLE
DRY ★☆☆☆☆SWEET

Part 04

스페셜 안주요리

갈릭 콜파스타

🍷 READY

파스타	250g
마늘	20쪽
베이컨	3줄

파스타 삶기

소금	약간
올리브유	2작은술

오일소스

올리브유	3큰술
화이트와인	1큰술
소금 · 곱게 빻은 통후추	약간씩
다진 바질	1작은술
양파가루	1작은술

🍷 RECIPE

1 파스타는 소금을 약간 넣은 끓는 물에 올리브유 1작은술을 넣어 삶는다. 18분 정도 삶아 체에 건져 물기를 빼고 올리브유 1작은술을 뿌려 버무린다.

2 마늘은 껍질을 벗기고 반으로 갈라 팬에 올리브유를 뿌려 노릇하게 구워낸다. 다시 그 팬에 베이컨을 노릇하게 구운 후 1cm 폭으로 자른다.

3 큰 볼에 파스타와 마늘, 베이컨을 담고 올리브유와 화이트와인으로 버무려 윤기가 나게 한다.

4 ③에 다진 바질과 양파가루, 소금, 곱게 빻은 통후추를 넣고 버무려 맛을 낸 후 그릇에 담아 낸다.

POINT

파스타를 쫄깃하게 삶는 방법은 소금을 약간 넣은 끓는 물에 파스타를 넣고 올리브유를 뿌려 파스타가 윤기가 나도록 18분 정도 삶는 것이다. 손톱으로 파스타를 눌러 보았을 때 아주 가느다란 심지가 보이면 꺼내어 체에 밭쳐 물기를 자연스럽게 뺀다. 그리고 다시 올리브유를 뿌려 버무려 놓으면 쉽게 불지 않으면서도 파스타의 윤기는 그대로 살아 있다.

MATCHING WINE

몰리나 소비뇽 블랑
담백한 맛에 어울리는 마늘 향을 소화해 내는 신선도 넘치는 화이트와인이다.
원산지 칠레
빈티지 2007년
가격 35,000원
WINE STYLE
DRY ★★☆☆☆ SWEET

타이식 쌀국수볶음

🥢 READY

쌀국수 ·	250g
숙주 ·	200g
고수 ·	50g
부추 ·	30g
팽이버섯 · · · · · · · · · · · · · · · · · ·	1/2봉지
마늘 ·	2쪽
방울토마토 · · · · · · · · · · · · · · · · ·	4개
매운 타이고추 · · · · · · · · · · · · · · ·	3개
소금 ·	약간
올리브유 · · · · · · · · · · · · · · · · · ·	2큰술

양념장

휘시소스 · · · · · · · · · · · · · · · · · ·	2큰술
참치액 · · · · · · · · · · · · · · · · · · ·	1작은술
굴소스 · · · · · · · · · · · · · · · · · · ·	1큰술
설탕 ·	1큰술
레몬즙 · · · · · · · · · · · · · · · · · · ·	1큰술

🥢 RECIPE

1 쌀국수는 굵은 면발로 준비해서 미지근한 물에 불려 놓는다.

2 숙주는 꼬리를 다듬어 씻어 물기를 턴다. 고수는 다듬어 씻어 물기를 털고 부추는 2cm 길이로 썬다. 팽이버섯은 밑동을 자르고 물에 헹궈 2cm 길이로 썰고 마늘은 굵게 으깨 놓는다. 방울토마토는 반으로 자른다.

3 팬에 올리브유를 두르고 매운 타이고추와 마늘을 넣어 볶는다.

4 ③에 쌀국수를 넣고 휘시소스와 참치액, 굴소스, 설탕, 레몬즙을 넣어 볶는다.

5 ④에 맛이 들면 숙주와 부추, 팽이버섯을 넣고 재빨리 볶고 소금으로 모자라는 간을 맞춰 소복하게 그릇에 담은 후 고수와 방울토마토로 장식한다.

POINT

쌀국수를 볶을 때 숙주는 쌀국수에 휘시소스와 타이고추의 매운 맛이 스며든 후에 넣어야 너무 나른하게 볶아지지 않아 아삭한 맛을 낸다.

MATCHING WINE

산타 마게리타 프로세코
매콤한 맛이 도는 쌀국수에 잘 어울리는 시원함을 간직한 와인이다.
원산지 이탈리아
빈티지 NV
가격 40,000원
WINE STYLE
DRY ★★★☆☆SWEET

샤부채소말이와 땅콩파인소스

🍴 READY

쇠고기(샤부샤부용)	300g
콩나물	150g
오이	1/2개
붉은 고추	1개
풋고추	1개
슬라이스 햄	4장
송송 썬 실파	2큰술

땅콩파인소스

땅콩버터	1큰술
다진 파인애플	5큰술
간장	1큰술
레몬즙	1작은술
볶은 소금	약간

쇠고기 향신채

마늘	2쪽
대파잎	2대
청주	1큰술
소금	약간

🍴 RECIPE

1 끓는 물에 대파잎과 마늘 2쪽, 청주를 넣어 끓이다가 끓으면 샤부샤부용 쇠고기를 한 장씩 데친 후 얼음 위에 올려 식힌다.

2 콩나물은 꼬리를 다듬어 씻어 소금을 약간 뿌린 후 찜통에서 살짝 쪄내 찬물에 식힌다.

3 오이는 소금에 박박 문질러 씻어 4cm 길이로 토막 내서 돌려 깎아 채 썬다. 붉은 고추, 풋고추도 씨를 발라내고 오이와 같은 크기로 채 썬다.

4 슬라이스 햄은 오이와 같은 크기로 채 썰고 실파는 송송 썬다.

5 땅콩버터에 다진 파인애플을 넣고 골고루 섞어 간장과 레몬즙, 구운 소금으로 맛을 내어 소스를 만든다.

6 도마에 샤부샤부 고기를 올리고 콩나물, 오이, 고추채, 햄을 올려 돌돌 말아 고정시킨 후 접시에 담고 실파를 뿌리고 땅콩파인소스를 곁들여 먹는다.

📋 POINT

콩나물은 물에 삶는 것보다 찜통에 쪄야 살이 통통하고 씹히는 질감이 좋다. 또 콩나물의 영양손실이 가장 적은 조리법이기도 하다. 숙취 해소에 좋다는 콩나물과 기름을 완전하게 뺀 담백한 쇠고기가 단맛이 나는 땅콩파인소스에 버무려져 부드럽게 넘어가는 달콤함을 주는 와인 안주로 변신했다.

MATCHING WINE

알베르비쇼 부르고뉴 피노 누아 '비에유 빈뉴'
깔끔한 맛에 잘 어울리도록 은은하면서도 신선한 향을 갖고 있는 와인이다.
원산지 프랑스
빈티지 2005년
가격 38,000원
WINE STYLE
DRY ★☆☆☆☆SWEET

1

2-3-4

5

6

치킨데리야키

🥖 READY

닭 ·	250g
밥 ·	3공기
달걀 ·	2개
청경채 ·	2포기
양파 ·	1/2개
송송 썬 실파 · · · · · · · · · · · · · · ·	2큰술
소금 · 올리브유 · · · · · · · · · · · · ·	약간씩

데리야키 조림소스

간장 ·	1큰술
굴소스 ·	2큰술
물엿 ·	1작은술
다진 마늘 · · · · · · · · · · · · · · · · · · ·	1큰술
생강즙 ·	1/4작은술

덮밥 국물 재료

간장 ·	2큰술
가다랑어 · · · · · · · · · · · · · · · · · · ·	2큰술
맛술 ·	1큰술
다시마 우린 물 · · · · · · · · · · · · ·	3컵
소금 ·	약간

🥖 POINT

덮밥은 무르게 국물에 말아서 먹어야 부드러운 맛을 느낄 수 있는데, 특히 굴소스에 감칠맛 나도록 조린 닭살을 올리브유에 윤기가 나도록 데친 청경채와 함께 먹는 맛이 풍미를 듬뿍 느끼게 한다. 덮밥 국물을 미리 만들어 냉장고에 넣어 두었다가 달걀만 줄알 쳐서 부드럽게 끓이면 시간을 절약할 수 있다.

MATCHING WINE

터닝리프 화이트 진판델
살짝 달콤한 맛을 시원하게 끌어올릴 수 있는 와인이다.
원산지 미국
빈티지 2005년
가격 15,000원
WINE STYLE
DRY ★★★☆☆SWEET

🥖 RECIPE

1 닭은 깨끗하게 손질해서 물에 헹군 후 물기를 닦고 칼집을 넣는다.

2 청경채는 한 잎씩 떼어 소금과 올리브유를 약간 넣고 파랗게 데친 후 찬물에 헹궈 건진다. 양파는 곱게 채 썬다.

3 팬에 기름을 두르고 양파를 볶다가 닭을 넣어 앞뒤로 노릇하게 지진다. 닭이 거의 익으면 조림소스를 모두 넣어 윤기가 나도록 조린다.

4 냄비에 다시마 우린 물을 붓고 끓으면 간장과 맛술을 넣어 한소끔 끓인 후 불에서 내린다. 가다랑어를 넣어 진하게 우려서 소금으로 간을 맞춘다.

5 ④의 냄비를 다시 불에 올려 끓으면 달걀을 고루 풀어 줄알을 친다. 그릇에 밥을 적당하게 담고 덮밥 국물을 듬뿍 부어 치킨데리야키 조림과 청경채를 얹고 실파를 뿌려낸다.

호박 해물스튜

READY

노란호박 또는 단호박 · · · · · · · · · · · · · 2개
칵테일새우 · · · · · · · · · · · · · · · · · · 8마리
그린홍합 · 8개
오징어 · 1마리
브로콜리 · · · · · · · · · · · · · · · · · · · 150g
당근 · 30g
양파 · 1/2개
다진 마늘 · · · · · · · · · · · · · · · · · · · 1큰술
피자치즈 · · · · · · · · · · · · · · · · · · · 100g
올리브유 · 약간

화이트소스

말린 바질 · 3g
소금 · 후춧가루 · · · · · · · · · · · · · · · 약간씩
화이트와인 · · · · · · · · · · · · · · · · · · 2큰술
생크림 · 1/2컵
우유 · 2큰술

RECIPE

1 노란 호박은 깨끗하게 씻어 물기가 있는 채로 전자레인지에 3~4분 정도 가열한다. 윗부분 1/3 지점을 가로로 잘라내고 씨를 긁어내 그릇으로 만든다.

2 오징어는 손질해서 사방 3cm 크기로 썰고 칵테일새우와 그린홍합은 깨끗하게 씻어 물기를 뺀다.

3 브로콜리는 작은 송이로 떼어 끓는 물에 데친 후 찬물에 헹궈 물기를 뺀다. 당근과 양파는 사방 1cm 크기로 썬다.

4 팬에 올리브유를 두르고 다진 마늘과 양파를 볶다가 오징어→새우→홍합→당근→브로콜리 순으로 넣어 은근하게 볶는다.

5 ④에 말린 바질을 뿌리고 소금, 후춧가루로 간을 맞춘 후 생크림과 우유, 화이트와인을 넣어 부드러운 소스를 만든다.

6 ①의 호박에 ⑤의 재료를 담고 피자치즈를 고루 뿌려 180℃로 예열한 오븐에서 10~15분 정도 노릇하게 구워낸다.

POINT

해물과 채소를 볶을 때에는 마늘과 양파 등의 향신채를 먼저 볶고 향이 올라오고 나면 손질한 해물을 넣어 볶는다. 그후에 채소를 볶아야 해물의 신선한 맛이 채소에 스며들어 호박 안에 풍성한 맛을 모두 담을 수 있다.

MATCHING WINE

블루넌 화이트
시원한 해산물과 달콤한 호박, 양파에 딱 맞는 시원하고 달콤한 와인이다.
원산지 독일
빈티지 2006년
가격 13,500원
WINE STYLE
DRY ★★★☆☆SWEET

1

2-3

4

6

MATCHING WINE

루피노 무로똔도
오르비에또
튀긴 재료의 느낌과 로즈메리
의 향을 달랠 수 있는 맑고 정
갈한 느낌의 와인이다.
원산지 이탈리아
빈티지 2005년
가격 17,000원
WINE STYLE
DRY ★☆☆☆☆SWEET

MATCHING FOOD _6
꽁치갈릭바게트

READY

바게트(20cm)	1줄
꽁치	1마리
마늘	10쪽
로즈메리	약간
다진 파슬리	1작은술
구운 소금	약간
크림치즈	2큰술
피자치즈	3큰술
녹말가루	3큰술
포도씨유	1컵

RECIPE

1 바게트는 동그랗게 1cm 두께로 썰고 마늘은 동그랗게 저며 썬다.

2 꽁치는 손질해서 몸통만 1cm 폭으로 동그랗게 토막 낸 후 구운 소금을 뿌려 잠시 재운다.

3 팬에 포도씨유를 넉넉하게 붓고 마늘을 튀긴 후 꽁치에 녹말가루 입혀 바삭하게 튀겨낸다. 이때 뼈까지 먹을 수 있도록 바싹 익힌다.

4 크림치즈를 바게트에 고루 펴 바른 후 튀긴 꽁치와 마늘을 로즈메리, 다진 파슬리로 버무려 올린다. 피자치즈를 약간씩 올려 예열한 170℃의 온도에서 5분 정도 피자치즈가 녹을 정도로만 구워낸다.

POINT

가장 중요한 요리 포인트는 꽁치의 비린맛이 없도록 하는 것이다. 꽁치를 뼈까지 바삭하게 먹을 수 있도록 잘게 잘라 포도씨유에 노릇하게 튀겨내야 맛있다.

MATCHING FOOD _7
닭안심꼬치 버터구이

MATCHING WINE

장베르또 꼬뜨 뒤
론 구베 프레스티지 화이트
미끈한 버터의 맛과 와인이
주는 청량감 가득한 미네랄
느낌이 상승작용을 하는 와인
이다.
원산지 프랑스
빈티지 2006년
가격 21,000원
WINE STYLE
DRY ★★☆☆☆SWEET

READY

닭안심살 · · · · · · · · · · · · · · · · · 12개

소금 · 후춧가루 · · · · · · · · · · · · 약간씩

녹인 버터 · · · · · · · · · · · · · · · · 2큰술

나무 꼬치 · · · · · · · · · · · · · · · · 12개

꼬치구이소스

플레인 요구르트 · · · · · · · · · · · · 2큰술

토마토케첩 · · · · · · · · · · · · · · · 2큰술

커리가루 · · · · · · · · · · · · · · · · · 2큰술

화이트와인 · · · · · · · · · · · · · · · 2큰술

다진 마늘 · · · · · · · · · · · · · · · · 1큰술

RECIPE

1 닭안심살은 손가락 굵기로 길게 썰어 잔칼집을 넣은 후 소금과 후춧가루 뿌려 밑간한다.

2 플레인 요구르트와 토마토케첩, 커리가루, 화이트와인, 다진 마늘을 골고루 섞어 소스를 만든다.

3 밑간한 닭안심살은 꼬치에 꿰고 ②의 소스를 2큰술 정도 덜어내어 고루 발라 잠시 재운다.

4 ③의 닭안심살에 녹인 버터를 발라 180℃로 예열한 오븐에 넣고 앞뒤로 뒤집어 가면서 20~25분 정도 구워낸다.

POINT

오븐에 들어가는 나무 꼬치는 미리 끓는 물에 데쳐 식힌 상태로 재료를 꿰어야 오븐에 넣어도 쉽게 타지 않으면서 꼬치의 모양새를 단단하게 잡아준다. 또 꼬치에서 나는 나무 냄새 등의 잡내도 없어져 꼬치구이를 깔끔하게 먹을 수 있게 한다.

인도식 커리소스와 차파티

🎀 READY

커리(분말 또는 고형)	50g
우유	2컵
생수	2컵
돼지고기(살코기)	200g
감자	1개
양파	1/2개
생레몬그라스	1개
월계수잎	2장
마늘	2쪽
동남아고추	2개
버터	2큰술
소금 · 후춧가루	약간씩

고기 양념

구운 소금 · 후춧가루	약간씩
다진 마늘	1작은술
레드와인	1큰술

차파티 반죽

밀가루	1컵
우유	1/2컵
플레인 요구르트	2큰술
올리브유	1큰술
말린 바질	1/4작은술

POINT

커리소스에 넣는 우유를 체에 밭쳐 내린 후 넣어 섞으면 커리가 아주 잘 풀어지면서 멍울이 없어 빠른 시간에 커리소스가 완성된다.

MATCHING WINE

터닝리프 화이트 진판델
독특한 커리의 향과 와인의 달콤한 딸기향이 매우 잘 어울리며 살짝 달콤한 느낌이 커리맛을 돋궈준다.
원산지 미국
빈티지 2005년
가격 15,000원
WINE STYLE
DRY ★★★☆☆ SWEET

🎀 RECIPE

1 밀가루에 우유와 플레인 요구르트, 올리브유, 말린 바질을 넣어 묽은 반죽을 만든다. 한 숟가락씩 떼어 손에 물을 묻혀 가면서 얇게 펴서 내열 팬에 올린 후 170℃의 오븐에서 10~15분 정도 굽는다. 가정에선 화덕이 없으니 오븐에 만들면 좋다.

2 돼지고기는 엄지손톱 크기로 썰어 고기 양념에 조물조물 무쳐 잠시 재운다. 감자와 양파는 돼지고기와 같은 크기로 썰어 찬물에 헹궈 건지고 생레몬그라스는 씻어 반을 자른다. 마늘은 굵게 으깬다.

3 냄비에 버터를 녹이고 돼지고기와 감자, 양파, 마늘을 넣어 볶다가 커리분말을 우유에 타서 조금씩 붓고 생수도 부어 함께 끓인다.

4 ③에 동남아고추, 월계수잎, 생레몬그라스를 함께 넣어 끓인다.

5 걸쭉한 커리소스가 끓여지면 소금과 후춧가루로 간을 맞추고 ①의 차파티를 곁들여 그릇에 담아 커리를 듬뿍 찍어 먹는다.

새우살크림라비올리

🍷 READY

새우살 · · · · · · · · · · · · · · · · · · ·	100g
시판 만두피 · · · · · · · · · · · · ·	30장
부추 ·	30g
소금 · 올리브유 · · · · · · · · · · ·	약간씩

새우 양념

생강가루 · · · · · · · · · · · · · · · ·	1작은술
소금 · 흰 후춧가루 · · · · · · · · ·	약간씩
참기름 · · · · · · · · · · · · · · · · · ·	1/4작은술
녹말가루 · · · · · · · · · · · · · · · ·	2큰술

크림소스

생크림 · · · · · · · · · · · · · · · · · ·	1/4컵
우유 ·	2컵
화이트와인 · · · · · · · · · · · · · ·	2큰술
다진 마늘 · · · · · · · · · · · · · · ·	1큰술
다진 양파 · · · · · · · · · · · · · · ·	3큰술
다진 파프리카 · · · · · · · · · · · ·	2큰술
소금 · 올리브유 · · · · · · · · · · ·	약간씩

🔖 POINT

시판 만두피로 근사한 이태리식 라비올리를 즐길 수 있는데 새우살은 되도록 곱게 다져 키친타월에 올려 물기를 뺀 후 양념을 해야 잡내와 비린맛이 없고 새우의 향이 그대로 유지된다.

MATCHING WINE

산타 마게리타 피노 그리지오

담백하지만 느끼할 수 있는 라비올리 맛을 산뜻하게 다듬어 주는 미디엄 라이트 바디의 화이트와인이다.
원산지 이탈리아
빈티지 2007년
가격 40,000원
WINE STYLE
DRY ★★☆☆☆ SWEET

🍷 RECIPE

1 새우살은 곱게 다져 만들어 둔 새우 양념을 넣고 조물조물 버무린 후 1.5cm 크기로 완자를 빚는다.

2 시판 만두피에 ①의 새우살을 넣어 반을 접고 다시 반을 접어 포크로 끝만 돌려가면서 찍어 라비올리 모양을 만든다.

3 부추는 다듬어 씻어서 2cm 길이로 썬다. 냄비에 올리브유를 두르고 양파와 파프리카를 넣어 볶다가 우유를 붓고 화이트와인을 넣어 골고루 섞어 끓인다. 생크림과 다진 마늘도 넣고 소금으로 간을 맞춰 부드러운 크림소스를 완성한다.

4 냄비에 물을 적당하게 붓고 약간의 소금과 올리브유 3방울 정도 떨어뜨린 후 준비한 라비올리를 넣어 끓이다가 동동 떠오르면 건진다.

5 접시에 라비올리와 부추를 섞어 담고 뜨거운 크림소스를 부어 상에 낸다.

장어구이스시롤

MATCHING WINE

산떼다메 끼안티 클라시코
장어구이는 기름기가 많고 간
장의 느낌이 강하므로 산뜻하
면서 맑은 느낌의 레드와인이
제격이다.
원산지 이탈리아
빈티지 2005년
가격 40,000원
WINE STYLE
DRY ★★☆☆☆SWEET

🍶 READY

쌀 ·	2컵
장어 ·	2마리
청주 · 송송 썬 실파 · · · · · · · · · ·	1큰술씩

초밥 양념

레몬즙 ·	1큰술
레몬식초 · 설탕 · · · · · · · · · · · · ·	3큰술씩
구운 소금 · · · · · · · · · · · · · · · · · ·	1/2작은술

장어 양념

간장 ·	2큰술
참기름 ·	1/2큰술
물엿 ·	1큰술
다진 마늘 · · · · · · · · · · · · · · · · · · ·	2작은술
통깨 ·	약간

🍶 RECIPE

1 쌀은 씻어서 물에 잠시 담갔다가 체에 건진 후 솥에 안쳐 밥을 짓는다.

2 장어는 흐르는 물에 씻고 청주를 뿌려 비린맛을 없앤다.

3 비린맛을 없앤 장어는 껍질 쪽에 잔칼집을 넣어 오그라들지 않도록 손질한 다음 먹기 좋은
크기로 자르고 장어 양념 재료를 만들어 앞뒤로 골고루 바른다. 달군 팬에 기름을 약간 두르
고 양념한 장어를 타지 않도록 뒤집어가면서 굽는다.

4 고슬거리게 지은 밥에 초밥 양념을 넣고 자르듯이 버무려 새콤달콤한 초밥을 만든 후 한 김
식혀 한 숟가락씩 뭉친다.

5 자른 구운 장어를 ④의 초밥에 올리고 송송 썬 실파를 뿌려 상에 낸다.

POINT

장어는 스태미너에 특히 좋은데 장어 양념을 한 후 오그라들지 않도록 구워서 초밥에 올
려 먹는 맛이 일품이다. 특히 장어구이는 비린맛이 없도록 청주를 뿌려서 밑간한다.

MATCHING FOOD _11

새우 패주라이스

READY

불린 쌀	1+1/2컵
생수	1+3/4컵
패주	50g
새우	10마리
은행	12알
잣	1/2컵
마늘가루	1작은술
구운 소금	약간
포도씨유	1큰술

POINT

새우와 패주는 미리 간을 해서 뜸이 드는 밥에 올리는 것이 좋은데 마늘가루, 구운 소금 등을 뿌려 밑간을 해야 밥이 고소하고 질척이지 않는다.

MATCHING WINE

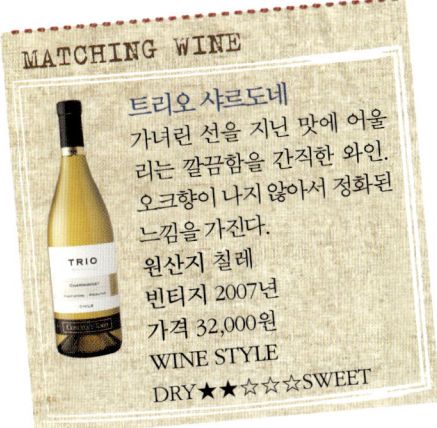

트리오 샤르도네

가녀린 선을 지닌 맛에 어울리는 깔끔함을 간직한 와인. 오크향이 나지 않아서 정화된 느낌을 가진다.

원산지 칠레

빈티지 2007년

가격 32,000원

WINE STYLE

DRY★★☆☆☆SWEET

RECIPE

1 패주와 새우는 끓는 물에 데쳐 찬물에 헹군 후 얄팍하게 저며 썬다. 구운 소금과 마늘가루를 뿌려 밑간한다.

2 뜨겁게 달군 팬에 은행을 넣고 소금 간을 하여 볶는다. 은행의 색이 파랗게 변하면 키친타월에 올려 껍질을 벗긴다.

3 잣은 살짝 씻어 물기를 없애고 쌀은 깨끗하게 씻어 미리 불린다.

4 솥에 쌀을 안치고 생수를 부어 밥을 짓는다. 밥물이 잦아들면 패주와 새우, 잣, 은행을 섞어 밥 위에 올리고 뜸을 들인다.

5 고슬고슬한 밥을 적당하게 접시에 담고 패주와 새우, 잣, 은행을 섞어 소복하게 올려낸다.

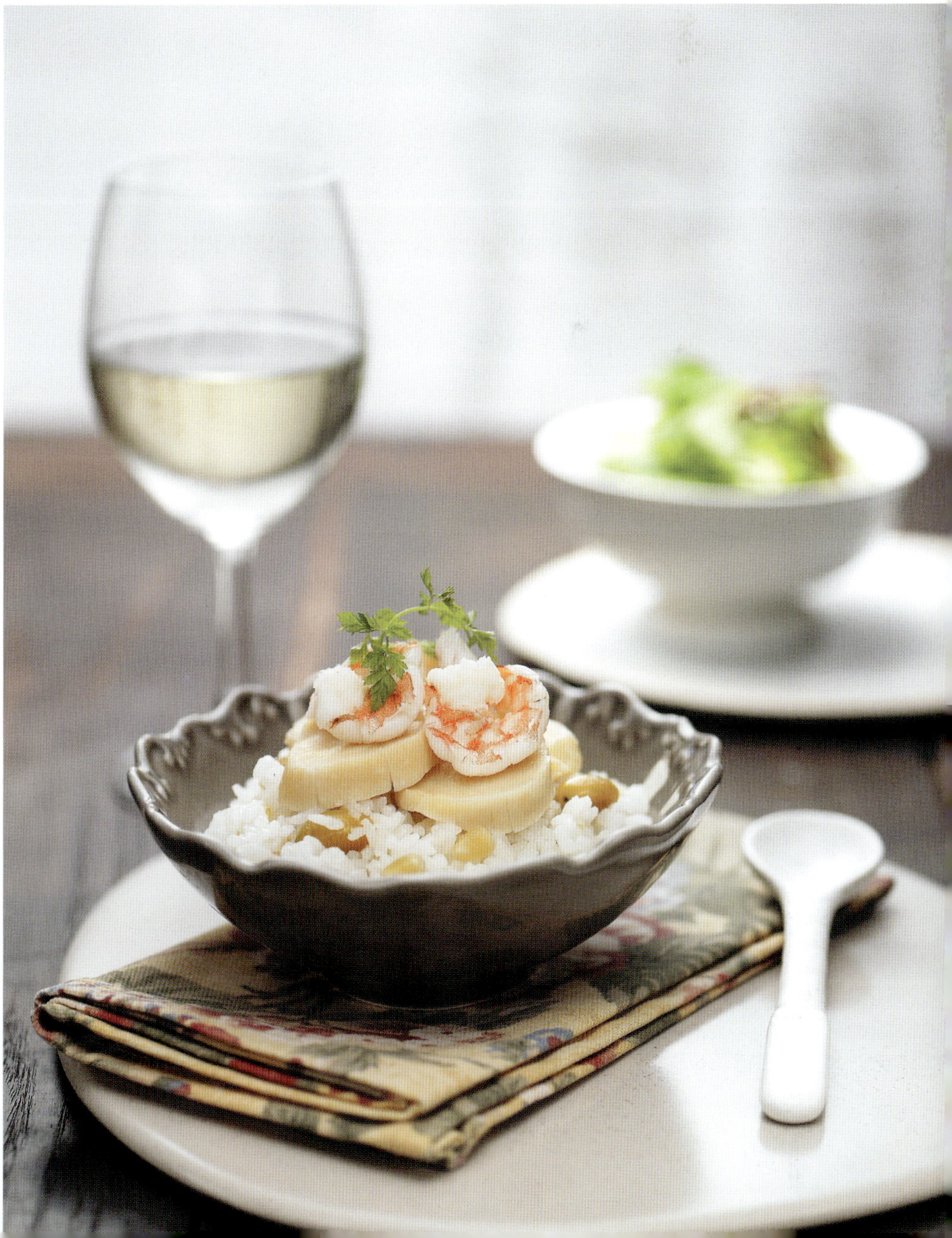

통연어스테이크와 키위소스

🍷 READY

통연어 ·	300g
다진 바질 · · · · · · · · · · · · · · · ·	1작은술
구운 소금 · 곱게 빻은 통후추 · · · · · ·	약간씩
올리브유 · · · · · · · · · · · · · · · · ·	1작은술

키위소스

골드키위 · · · · · · · · · · · · · · · · · ·	1개
그린키위 · · · · · · · · · · · · · · · · ·	1/2개
다진 양파 · · · · · · · · · · · · · · · · ·	1큰술
발사믹비네거 · · · · · · · · · · · · · ·	1작은술
구운 소금 · · · · · · · · · · · · · · · · ·	약간
올리브유 · · · · · · · · · · · · · · · · ·	2큰술

🍷 RECIPE

1 통연어는 키친타월에 올려 기름기를 없애고 다진 바질과 구운 소금, 곱게 빻은 통후추를 고루 뿌려 20분 정도 밑간한다.

2 골드키위와 그린키위는 껍질을 벗기고 사방 0.5cm 크기로 썬다.

3 볼에 ②의 키위를 담고 나머지 소스 재료를 모두 넣어 소스를 만든 후 차게 냉장고에 넣어 둔다.

4 재운 통연어는 올리브유를 고르게 발라 170℃로 예열한 오븐에 넣어 앞뒤로 20분 정도 굽는다.

5 구운 통연어 위에 키위소스를 듬뿍 뿌려 먹는다.

POINT

연어의 부드러운 질감이 아주 잘 살아난 요리로 키위의 달콤새콤한 맛이 연어의 느끼한 맛을 없애주고 소화를 촉진시키는 역할을 한다.

MATCHING WINE

터닝리프 화이트 진판델
새콤달콤한 키위소스의 과일 느낌과 딸기향을 간직한 와인의 상큼한 단맛이 완벽하게 조화를 이룬다.
원산지 미국
빈티지 2005년
가격 15,000원
WINE STYLE
DRY ★★★☆☆SWEET

중화풍 볶음밥

🍴 READY

밥 ·	3공기
새우살 · · · · · · · · · · · · · · · · · ·	200g
달걀 ·	2개
대파 ·	3대
마늘 ·	2쪽
곱게 빻은 통후추 · · · · · · · · · · ·	1작은술
구운 소금 · · · · · · · · · · · · · · · · ·	약간
굴소스 · · · · · · · · · · · · · · · · · · ·	1큰술
포도씨유 · · · · · · · · · · · · · · · · ·	2큰술

🍴 RECIPE

1 새우살은 옅은 소금물에 헹궈 건진다.

2 대파는 1cm 간격으로 송송 썰고 마늘은 편 썬다. 달걀은 알끈을 제거하고 곱게 푼다.

3 팬에 포도씨유를 두르고 대파와 마늘을 노릇하게 볶아 파기름이 듬뿍 나오게 한다.

4 ③에 새우살과 달걀을 넣어 스크램블 하듯이 젓가락을 11자 형태로 쥐고 저어 익힌다.

5 ④에 굴소스와 곱게 빻은 통후추, 구운 소금을 넣고 골고루 섞어 양념을 한 후 뜨거운 밥을 넣어 자르듯이 볶아서 완성한다.

POINT

젓가락으로 휘저을 때의 모양이 부드러운 스크램블을 만들어준다. 젓가락을 11자 형태로 쥐고 왼쪽에서 오른쪽으로 휘저어야 달걀의 익는 알갱이가 작고 부드럽게 부풀어 올라와 씹을 때의 질감이 좋다.

MATCHING WINE

장베르또 꼬뜨 뒤 론
꾸베 프레스티지 레드
후추향과 기름기가 감도는
볶음밥에 향신료의 느낌과
산뜻함을 가미해 주는 와인
이다.
원산지 프랑스
빈티지 2005년
가격 21,000원
WINE STYLE
DRY ★☆☆☆☆SWEET

애플퓨레와 돼지고기오븐구이

🍷 READY

돼지고기(등심) · · · · · · · · · · · · · · · ·	400g
마늘가루 · · · · · · · · · · · · · · · · · · ·	1큰술
녹말가루 · · · · · · · · · · · · · · · · · · ·	1큰술
다진 파슬리가루 · · · · · · · · · · · · ·	1작은술
구운 소금 · 흰 후춧가루 · · · · · · · · ·	약간씩
베이비 싹채소 · · · · · · · · · · · · · · ·	50g
올리브유 · · · · · · · · · · · · · · · · · · ·	2큰술

애플퓨레

사과 ·	1개
올리브유 · · · · · · · · · · · · · · · · · · ·	1큰술
발사믹비네거 · · · · · · · · · · · · · · · ·	1작은술
꿀 ·	1/2작은술
간장 ·	1작은술

🍷 RECIPE

1 사과는 강판에 곱게 갈아 올리브유와 발사믹비네거, 꿀, 간장을 섞어서 퓨레를 만든 후 냉장고에 넣어 차게 보관한다.

2 돼지고기 등심은 사방 10cm 크기, 1cm 두께로 준비하여 고기망치로 두드려 육질을 연하게 만든다.

3 ②에 녹말가루를 뿌리고 올리브유를 고루 바른 후 다진 파슬리가루와 마늘가루, 구운 소금, 흰 후춧가루를 뿌려 20분 정도 밑간한다.

4 180℃로 예열한 오븐에 ③을 넣어 앞뒤로 노릇하게 25분 정도 구워낸 후 베이비 싹채소를 곁들이고 애플퓨레를 끼얹어 먹는다.

POINT

사과의 새콤한 단맛이 잘 어울리는 담백한 돼지고기 요리로 등심을 구울 때 미리 마늘가루와 다진 파슬리로 밑간을 충분하게 해서 구워야 고기가 탄력이 생기면서 누린내 등의 잡맛이 없다. 특히 녹말가루를 뿌리고 올리브유를 바르면 고기가 연해지면서 씹는 맛이 한결 쫄깃하다.

MATCHING WINE

마스카롱 보르도 레드
검은색 과일 느낌의 레드와인으로 담백한 구이와 달콤한 소스에 맞는 적당한 농도이다.
원산지 프랑스
빈티지 2004년
가격 34,000원
WINE STYLE
DRY ★☆☆☆☆SWEET

채소볶음 매운참치

🥢 READY

참치(냉동횟감) · · · · · · · · · · · · · · · · 250g
양파 · 1/2개
청경채 · · · · · · · · · · · · · · · · · · · 2포기
붉은 고추 · · · · · · · · · · · · · · · · · · · 1개
풋고추 · 1개
숙주 · 50g
구운 소금 · 올리브유 · · · · · · · · · · · 약간씩

참치 밑간

올리브유 · · · · · · · · · · · · · · · · · · 1큰술
고운 고춧가루 · · · · · · · · · · · · · · 1작은술
간장 · 1작은술
다진 마늘 · · · · · · · · · · · · · · · · · 1작은술

🥢 RECIPE

1 참치는 찬물에 헹궈 자연스럽게 해동시켜 사방 2cm 크기로 썬 후 참치 밑간 양념에 버무려 20분 정도 매운맛이 배도록 재운다.

2 양파는 곱게 채 썰고 청경채는 세로로 한 잎씩 떼어서 씻어 건진다. 붉은 고추와 풋고추는 어슷하게 채 썰어 씨를 털고 숙주는 다듬어 씻어 물기를 턴다.

3 팬에 올리브유를 두르고 양파와 숙주를 볶다가 청경채, 고추채를 넣은 후 구운 소금으로 맛을 내어 살짝 볶아낸다.

4 ③의 팬에 밑간한 참치를 넣어 재빨리 볶아 접시에 담고 채소볶음을 소복하게 올려 낸다.

POINT

살캉하게 씹히는 맛이 좋은 참치는 해동시킬 때 찬물에 헹군 후 바로 냉장고에 넣어 자연스럽게 해동시키는 것이 가장 알맞다. 매운맛을 내기 위해서는 아주 고운 고춧가루를 써야 색이 곱게 잘 스며든다.

MATCHING WINE

블루넌 핑크 아이스
시원하게 매운 요리와 붉은 꽃향기가 살짝 감도는 달콤한 와인의 조화가 매우 좋다.
원산지 스페인
빈티지 2006년
가격 45,000원
WINE STYLE
DRY ★★★★★ SWEET

미트 토마토소스스파게티

 READY

스파게티	250g
소금 · 후춧가루	약간씩
송송 썬 실파	3큰술

토마토소스

다진 쇠고기	300g
방울토마토	12개
당근	1/4개
양파	1/2개
청피망	1/2개
다진 마늘	1작은술
토마토케첩	3큰술
월계수잎	2장
물	1/2컵
올리브유	3큰술

RECIPE

1 냄비에 넉넉하게 물을 붓고 스파게티를 넣어 끓이다가 끓으면 약간의 소금을 넣고 12~15분 정도 삶는다. 스파게티 한 줄을 꺼내 잘라서 바늘 끝처럼 심이 보이면 체에 받쳐 물기를 완전하게 뺀다.

2 팬에 올리브유 1큰술을 넣어 달군 후 ①의 스파게티를 넣어 윤기를 내면서 볶는다.

3 당근과 양파, 청피망은 사방 1cm 폭으로 썰고 방울토마토는 위부분에 칼집을 약간 넣고 끓는 물에 살짝 데쳐 껍질을 벗긴다.

4 냄비에 올리브유 2큰술을 두르고 다진 마늘과 양파를 넣어 볶다가 다진 쇠고기와 당근, 청피망을 넣고 소금으로 간을 맞춰 볶는다.

5 ④에 껍질 벗긴 방울토마토를 넣고 토마토케첩과 월계수잎, 물을 분량만큼 넣어 중간 불에서 저어가면서 끓인다. 끓이는 도중에 방울토마토를 으깨준다.

6 ⑤의 토마토소스와 채소가 익으면 소금과 후춧가루를 뿌려서 간을 맞춘다. 스파게티를 넣고 버무려 뜨겁게 간이 배도록 한 후 그릇에 담고 송송 썬 실파를 뿌려낸다.

POINT

스파게티를 딱 알맞게 삶아 내는 것을 알 덴테(aldente)라고 한다. 면을 삶다가 하나를 건져서 끊어보았을 때 단면에 하얀 심이 바늘 끝처럼 보이는 것을 말하는데 스파게티는 숙면이기 때문에 쫄깃하게 씹혀야 제맛을 낸다. 그래서 부드럽게 씹히는 국수보다 삶는 시간이 길지 않고 중간에 물을 넣지 않는다. 국수보다 약간 덜 익은 상태면 좋다.

MATCHING WINE

트라피체 말백
다진 고기가 들어간 토마토소스의 새콤한 맛에 잘 맞도록 진하면서도 산도가 꽤 높은 와인이다.
원산지 아르헨티나
빈티지 2005년
가격 21,000원
WINE STYLE
DRY ★★☆☆☆SWEET

훈제오리와 과일샐러드

🥢 READY

시판 훈제오리 가슴살	300g
골드키위	1개
그린키위	1개
오렌지	1개
양상추	30g
다진 파슬리	약간

머스터드소스

머스터드	1큰술
크림치즈	1큰술
구운 소금 · 곱게 빻은 통후추	약간씩

🥢 RECIPE

1 시판 훈제오리 가슴살을 구입하여 먹기 좋은 크기로 저며 썬다.

2 골드키위와 그린키위는 껍질을 벗겨 세로로 큼직하게 4등분하고 오렌지는 껍질을 벗기고 과육만 V자 컷팅하여 준비한다. 양상추는 손으로 큼직하게 뜯어 찬물에 헹궈 건진다.

3 머스터드와 크림치즈, 구운 소금, 곱게 빻은 통후추는 골고루 섞어 소스를 만든다.

4 볼에 시판 훈제 오리가슴살을 넣고 ③의 소스로 버무린 후 양상추, 골드키위, 그린키위, 오렌지를 넣어 버무려 접시에 담고 다진 파슬리를 듬뿍 뿌려낸다.

POINT

천연 양념에 재워 훈연 처리한 오리 가슴살은 시판하는 제품으로 준비해서 적당하게 저며 썬 후에 신선한 과일과 함께 버무려 맛을 낸다. 고기의 육질이 워낙 연해서 과일과 함께 먹으면 씹는 맛이 아주 좋을 뿐 아니라 든든한 포만감도 생긴다.

MATCHING WINE

간치아 모스카토 다스티
진한 오리의 느낌을 새콤한 과일향으로 길들여내는 달콤하고 시원한 와인이다.
원산지 이탈리아
빈티지 NV
가격 29,500원
WINE STYLE
DRY ★★★★ ☆ SWEET

브로콜리 레몬치킨구이

🍖 READY

브로콜리 ·	200g
닭 ·	300g
레몬 슬라이스 · · · · · · · · · · · · · · · ·	6쪽
구운 소금 · 후춧가루 · 레몬즙 · · · · · ·	약간씩

양념장

간장 ·	2큰술
다시마 우린 물 · · · · · · · · · · · · · · · ·	2큰술
물엿 ·	1큰술
다진 마늘 · · · · · · · · · · · · · · · · · · ·	1/2작은술
맛술 ·	2큰술
소금 ·	약간

🍖 RECIPE

1 브로콜리는 한 송이씩 떼어서 소금물에 헹궈 끓는 물에 살짝 데쳐 물기를 뺀다. 슬라이스한 레몬은 반달로 썬다.

2 닭은 껍질을 벗기고 살만 발라내어 먹기 좋은 크기로 썰어 잔칼집을 넣은 후 구운 소금과 후춧가루, 레몬즙에 잠시 재운다.

3 냄비에 양념장을 넣고 약한 불에서 한소끔 끓여 둔다.

4 오븐 용기에 재운 닭살을 편평하게 깔고 200℃의 온도에서 10분간 애벌로 굽는다. 닭살이 구워지면 ③의 양념장을 레몬과 함께 발라 윤기나게 굽고 브로콜리는 살짝 간만 배도록 구워 함께 낸다.

POINT

닭살은 먼저 애벌로 굽고 난 후에 양념장을 발라 구워야 닭의 잡내가 없고 닭살이 쫀득해져 더욱 감칠맛이 느껴진다.

MATCHING WINE

간치아 아스티
레몬즙을 살짝 발라 옅은 새콤한 맛이 도는 치킨구이에 잘 맞는 시원하고 약간 달콤한 와인이다.
원산지 이탈리아
빈티지 NV
가격 29,500원
WINE STYLE
DRY ★★★☆☆ SWEET

타이식 치킨샐러드

🟫 READY

닭날개	12개
소금 · 흰 후춧가루	약간씩
로즈메리가루	약간
타이고추	2개
커리가루	2큰술
생수	2큰술
우유	5큰술
양파	1/2개
당근	30g
마늘	5쪽
버터	약간
송송 썬 실파	3큰술

🟫 RECIPE

1 닭날개는 씻어서 물기를 없앤 후 앞뒤로 칼집을 여러 번 넣고 소금, 흰 후춧가루, 로즈메리가루를 약간씩 뿌려서 재운다.

2 양파와 당근은 2cm 길이로 썰고 마늘은 껍질만 벗겨 씻어 둔다.

3 커리가루에 우유와 생수를 넣어 멍울 없이 푼다.

4 볼에 닭날개와 양파, 당근, 마늘을 넣고 ③의 커리를 넣어 버무려 20분 정도 잠시 재운다. 타이고추를 곱게 다져 함께 넣고 매운맛이 나도록 버무린다.

5 오븐 팬에 버터를 바르고 ④의 닭날개와 채소를 적당하게 깔아 180℃로 예열한 오븐에 넣어 30분 정도 앞뒤로 구워낸다. 채소와 함께 구워진 닭날개를 접시에 담고 송송 썬 실파를 듬뿍 뿌려낸다.

POINT

닭날개에 미리 칼집을 넣어 밑간을 충분하게 해준 후 커리와 타이고추에 버무려 다시 재워야 닭날개에 풍미가 생기면서 잡내가 없다.

MATCHING WINE

빈 50 쉬라즈
커리, 마늘, 고추 등 자연 향신료의 강한 맛과 향을 자연스럽게 흡수하는 와인이다.
원산지 호주
빈티지 2006년
가격 24,000원
WINE STYLE
DRY ★★☆☆☆SWEET

감자수프와 고기채바게트구이

🍴 READY

시판 구운 감자수프	1봉지
생수	1컵
우유	1/2컵
구운 소금	약간
쇠고기(등심)	300g
다진 양파	2큰술
다진 피망	2큰술
바게트(20cm 길이)	1개
마늘가루	1큰술
버터	2큰술
다진 파슬리가루	1작은술
포도씨유	약간

고기 양념

굴소스	1큰술
청주	1작은술
다진 마늘	1작은술
물엿	1작은술
구운 소금	약간

🍴 RECIPE

1 시판하는 구운 감자수프를 냄비에 붓고 생수와 우유를 넣어 멍울 없이 푼 후 약한 불에서 저어가면서 걸쭉한 농도로 수프를 완성한다. 구운 소금을 약간 넣어 간을 맞춘다.

2 쇠고기는 등심으로 준비하여 2cm 길이로 곱게 채 썬다.

3 바게트는 동그랗게 저며 썰고 마늘가루와 버터, 다진 파슬리를 섞어 고루 발라 팬에서 노릇하게 굽는다.

4 팬에 포도씨유를 두르고 다진 양파, 다진 마늘을 볶다가 향이 올라오면 쇠고기를 넣고 굴소스, 청주, 물엿을 넣어 볶는다. 구운 소금으로 간을 하고 다진 피망을 넣어 재빨리 볶아낸다.

5 바게트에 고기채를 소복하게 올리고 부드럽게 끓인 감자수프를 곁들여 낸다.

POINT

부드러운 풍미가 특징인 감자수프는 물만 부어 끓으면 완성이 되어 간편하다. 더욱 부드럽고 고소한 맛을 내기 위해서 우유나 생크림 등을 조금 넣는 것도 좋다.

MATCHING WINE

토마시 발폴리첼라
클라시코 DOC
고소하고 담백한 요리를 산뜻하게 이끌어 주는 신선하고 발랄한 느낌의 레드와인이다.
원산지 이탈리아
빈티지 2007년
가격 40,000원
WINE STYLE
DRY ★☆☆☆☆ SWEET

쇠고기다타키

🥖 READY

쇠고기(우둔살) · · · · · · · · · · · · · · ·	500g
무 ·	50g
무순 ·	50g
양파 ·	1/2개
당근 ·	30g

쇠고기 양념

간장 ·	1/3컵
청주 ·	1/4컵
마늘 ·	3통
양파 ·	1/4개
레몬 ·	1/4개
통후추 · · · · · · · · · · · · · · · · · · ·	5알
물엿 ·	1큰술

생강겨자소스

발효겨자 · · · · · · · · · · · · · · · · · ·	3큰술
생강 ·	5g
다시마 우린 물 · · · · · · · · · · · · · · ·	1/4컵
식초 ·	4큰술
설탕 ·	4큰술
소금 ·	약간

POINT

쇠고기를 통째로 간장소스에 담가 간이 밴 상태로 은박지에 싸서 보관했다가 슬라이스해서 손님상에 낼 수도 있다. 일품 손님 초대요리, 와인과 곁들이는 일품안주로 좋은데 쇠고기를 구입할 때에 우둔살로 살과 지방의 마블링이 적당하게 자리 잡은 것으로 준비해야 기름이 많은 등심 부위보다 훨씬 살집이 연하고 부드럽다.

MATCHING WINE

간치아 아스티
무순, 양파, 겨자소스 등 맛이 강한 재료에 맞춰 살짝 달면서 탄산가스를 포함한 와인이다.
원산지 이탈리아
빈티지 NV
가격 29,500원
WINE STYLE
DRY ★★★☆☆SWEET

🥖 RECIPE

1 쇠고기는 우둔살 덩어리로 준비해서 사방 7cm, 15cm 길이로 썰어 찬물에 20분 정도 담가 핏물을 뺀다. 쇠고기는 그릴에서 갈색이 날 때까지 돌려가면서 굽는다. 이때 은박지를 덮어서 구우면 검게 그을리지 않고 고르게 구울 수 있다.

2 얼음물을 준비해서 구워낸 쇠고기를 뜨거울 때 넣었다가 바로 건져 식힌다. 망에 올려 식히면 고르게 뜨거운 열기를 날리면서 식힐 수 있고 얼음물에 담가 건졌기 때문에 쇠고기의 육질이 부드럽다.

3 냄비에 간장과 청주, 마늘, 양파, 레몬, 통후추를 빻아서 넣고 물엿을 부어서 약한 불에서 끓여 식힌 후 ③의 쇠고기를 넣어서 중간 중간 뒤집어가면서 3시간 정도 담가 간이 배도록 한다.

4 무와 당근은 아주 곱게 4cm 길이로 채 썰고 양파는 곱게 채 썰어 각각 찬 얼음물에 담가 싱싱하게 해서 건진다. 무순은 잡티를 없애고 물에 헹궈 건져 놓는다.

5 믹서에 생강과 발효겨자, 다시마 우린 물, 식초, 설탕을 넣고 갈아서 겨자소스를 만든 후 소금으로 간을 맞춘다. 생강이 있어 아주 곱게 갈아야 향이 진하게 올라와 깊은 맛을 낸다.

6 간이 밴 쇠고기를 얄팍하게 슬라이스하여 접시에 돌려 담고 싱싱하게 준비한 무, 당근, 무순, 양파는 물기를 완전하게 털고 버무려 소복하게 가운데 담아 생강겨자소스를 곁들여 먹는다.

연어페이퍼롤

READY

통연어	300g
라이스페이퍼	8장
고수	30g
파프리카	1개
양파	1/2개
마늘	3쪽
구운 소금 · 곱게 빻은 통후추	약간씩
포도씨유	2큰술

RECIPE

1 통연어는 사방 1cm 크기로 썰어 곱게 빻은 통후추로 밑간한다.

2 파프리카와 양파, 마늘은 곱게 채 썬다.

3 팬에 포도씨유를 두르고 ②의 채소를 볶아낸 후 통연어를 구운 소금으로 간을 맞춰 노릇하게 익힌다.

4 뜨거운 물에 담가 부드럽게 만든 라이스페이퍼를 도마에 깔고 연어, 파프리카, 양파, 마늘을 올려 돌돌 말아 아물린 후 고수를 올려 낸다.

POINT

연어의 담백하고 고소한 맛이 잘 살아나는 페이퍼롤은 연어를 곱게 빻은 통후추에 충분하게 밑간해 매콤한 맛이 나야 연어의 느끼함이 완전하게 없어진다.

MATCHING WINE

터닝리프 화이트 진판델

후추, 양파, 마늘은 강한 향을 갖고 있으므로 딸기향과 약간의 단맛을 가진 와인이 제격이다.

원산지 미국
빈티지 2005년
가격 15,000원
WINE STYLE
DRY ★★★☆☆SWEET

참치페퍼다타키

🍷 READY

냉동 참치	600g
무순	50g
초생강	30g
특용 채소(로메인, 치커리 등)	100g
소금	약간
통후추	2큰술
올리브유	약간

🍷 RECIPE

1 냉동 참치는 소금을 약간 푼 물에 살짝 담갔다가 건진다. 물기를 꼭 짠 면포에 참치를 올려 물기를 닦은 후 통후추를 굵게 빻아 참치에 듬뿍 입힌다.

2 무순은 잡티를 없애고 다듬어 물에 헹궈 건지고 초생강은 곱게 채 썬다. 특용 채소는 손으로 적당하게 찢은 후 얼음물에 헹궈 건져 싱싱하게 한다.

3 미리 예열한 오븐 팬에 올리브유를 바르고 참치를 올려 170℃에서 앞뒤로 8분씩 구워낸다.

4 구운 참치는 0.5cm 두께로 저며 썰어 접시에 돌려 담고 특용 채소와 무순, 초생강을 버무려 소복하게 올린다.

POINT

먹다 남은 참치는 물기를 닦은 후 마른 면포에 싸서 금속성이 아닌 그릇에 넣고 랩을 씌워 −1℃ 일반 냉장고에 냉장 보관한다. 한번 해동한 참치는 다시 얼리지 않아야 하는데 결빙이 생겨 사각거림이 없어지고, 신선도도 떨어지기 때문이다. 냉장보관도 약 2일 정도가 좋고, 그 이상이 지나면 변질될 우려가 있으니 주의한다.

MATCHING WINE

간치아 아스티
무순, 초생강은 매우 강한 향과 맛을 지니고 있기 때문에 달콤하고 탄산가스가 깃든 와인이 제격이다.
원산지 이탈리아
빈티지 NV
가격 29,500원
WINE STYLE
DRY ★★★☆SWEET

해물마리네이드

🥖 READY

삶은 문어 · 100g
칵테일새우 · · · · · · · · · · · · · · · · · · · 30g
바지락 · 100g
방울토마토 · 4개
셀러리 · 1대
파프리카 · 1/2개
화이트와인 · · · · · · · · · · · · · · · · · · · 1/4컵
레몬즙 · · · · · · · · · · · · · · · · · · · 1+1/2큰술
올리브유 · 3큰술
소금 · 후춧가루 · · · · · · · · · · · · · · · 약간씩

🥖 RECIPE

1 문어는 삶은 것으로 준비해서 어슷썰기하고 새우는 소금물에 헹궈 건진다. 바지락은 옅은 소금물에 해감을 시켜 물에 헹궈 건져 체에 밭친다.

2 방울토마토는 씻어서 꼭지를 떼고 셀러리는 겉의 질긴 섬유질을 벗기고 어슷하게 썬다. 파프리카는 반을 갈라 씨를 도려내고 굵게 채 썬다.

3 냄비에 바지락, 새우, 셀러리, 화이트와인을 붓고 뚜껑을 덮어 중간 불에서 끓인다. 바지락이 입을 벌리면 체에 걸러 물을 따로 받는다. 레몬즙과 올리브유를 바지락 삶은 국물에 넣고 거품기로 충분하게 섞어 마리네이드액을 만든다.

4 문어와 바지락, 새우, 채소를 넣어 고루 섞고 소금과 후춧가루로 간을 한다.

POINT

조개의 해감을 충분하게 하지 않으면 자칫 씹을 때 자금거릴 수 있다. 새우와 바지락을 삶은 물은 면포에 깔고 체에 거르는 것이 좋다.

MATCHING WINE

몰리나 쇼비뇽 블랑
우러내어 진한 맛을 내는 해산물 요리를 산뜻하게 받아주며 향이 너무 진하지 않은 깔끔한 와인이다.
원산지 칠레
빈티지 2007년
가격 35,000원
WINE STYLE
DRY ★★☆☆☆ SWEET

삼치살꼬치튀김과 레디쉬샐러드

🍞 READY

삼치살	200g
마늘	10쪽
양파	1개
레디쉬	5개
양상추	5장
치커리	30g
시판 오리엔탈소스	2큰술
구운 소금 · 후춧가루 · 청주	약간씩
녹말가루	3큰술
포도씨유	1컵
나무 꼬치	8개

🍞 RECIPE

1 삼치는 포를 떠서 살만 발라 놓은 것으로 구입하여 손가락 굵기인 3cm 길이로 썬다. 구운 소금과 후춧가루, 청주를 뿌려 밑간한다.

2 마늘은 끓는 물에 살짝 삶아 건지고 양파는 사방 2cm 크기로 썬다.

3 삼치살에 녹말가루를 고루 옷 입혀 나무 꼬치에 마늘과 양파를 곁들여 꿴 후 160℃의 튀김기름에 바삭하게 튀겨낸다.

4 레디쉬는 곱게 채 썰고 양상추와 치커리는 손으로 뜯어서 찬물에 헹궈 물기를 턴다. 접시에 소복하게 담가 시판 오리엔탈소스를 뿌려 삼치살꼬치튀김과 함께 낸다.

POINT

삼치살이 부서지지 않도록 밑간을 한 후 녹말가루를 입혀 포도씨유에 바삭하게 튀겨내야 더욱 고소하고 맛있다. 튀길 때 양파, 마늘 등의 향신채와 함께 튀기면 삼치살의 비린맛이 완전하게 없어져 와인과 곁들이기에 아주 알맞다.

MATCHING WINE

트리오 샤르도네
고소하고 진한 요리를 먹기에 알맞도록 솔직하고 깔끔한 와인이 입속을 정화시켜 준다.
원산지 칠레
빈티지 2007년
가격 32,000원
WINE STYLE
DRY ★★☆☆SWEET

중화풍 두부버섯볶음

🔖 READY

두부 ·	1모
느타리버섯 · · · · · · · · · · · · · · · · ·	100g
팽이버섯 · · · · · · · · · · · · · · · · · · ·	1봉지
양배추 ·	2장
적채 ·	1장
간장 ·	2큰술
굴소스 ·	1작은술
설탕 ·	1큰술
다진 마늘 · · · · · · · · · · · · · · · · · ·	1큰술
청주 ·	1큰술
튀김 가루 · · · · · · · · · · · · · · · · · ·	4큰술
녹말가루 · · · · · · · · · · · · · · · · · ·	1큰술
물녹말 ·	2큰술
생수 ·	1/2컵
소금 · 후춧가루 · · · · · · · · · · · · ·	약간씩
참기름 ·	1작은술
통깨 ·	약간

POINT

걸쭉한 상태로 먹어야 제맛이 나는 중화풍 두부버섯볶음은 두부에 소금을 뿌려서 수분을 뺀 후 마른 면포에 닦고 튀김가루와 녹말가루를 입혀서 튀겨야 바삭하고 쫄깃하다. 두부를 잘라서 채반에 담을 때 한 개씩 서로 떨어뜨려서 소금을 뿌려야 사방으로 수분이 흘러나온다.

MATCHING WINE

트라피체 오크캐스크 샤르도네

걸쭉한 요리에 살짝 진한 느낌이지만 기본적으로 맑은 청량감의 와인이 어울린다.
원산지 아르헨티나
빈티지 2006년
가격 30,000원
WINE STYLE
DRY ★★☆☆☆SWEET

🔖 RECIPE

1 두부는 씻어서 사방 1.5cm 크기로 썰어 채반에 깔아 놓고 소금을 약간 뿌려서 20분 정도 수분이 빠지도록 둔다. 두부에 밑간이 배여 수분이 나오면 키친타월로 말끔하게 물기를 닦은 후 튀김가루와 녹말가루를 듬뿍 입혀서 170℃의 튀김기름에서 노릇하게 두 번 튀겨 기름을 뺀다.

2 느타리버섯은 한 개씩 떼어 씻어서 건지고 팽이버섯은 밑동을 자르고 물기를 턴다. 양배추와 적채는 사방 2cm 크기로 썰어 찬물에 헹궈 건져 물기를 턴다.

3 팬에 기름을 두르고 다진 마늘을 볶다가 양배추, 느타리버섯을 넣고 볶으면서 간장과 굴소스, 설탕, 청주를 모두 넣어 생수를 붓고 약한 불에서 끓인다. 적채와 팽이버섯을 넣고 소금과 후춧가루로 간을 한 후 물녹말을 붓고 걸쭉한 상태로 끓여 불에서 내린다.

4 접시에 튀긴 두부를 담고 버섯볶음을 듬뿍 끼얹어 참기름과 통깨를 뿌려서 상에 낸다.

MATCHING FOOD _27
버섯스테이크말이꼬치

MATCHING WINE

미셸 피카르 꼬뜨 드 뉘 빌라지

연약하면서 달콤한 버섯을 감싸는 얇은 쇠고기의 맛에 딱 맞는 깔끔하고 섬세한 와인이다.

원산지 프랑스
빈티지 2006년
가격 48,000원

WINE STYLE

DRY ★☆☆☆☆SWEET

READY

새송이버섯	3개
쇠고기(불고깃감)	400g
쪽파	16대
나무 꼬치	8개
포도씨유	1큰술

양념장

간장	2큰술
설탕	1큰술
청주	1큰술
다진 마늘 · 참기름 · 깨소금	1작은술씩
소금 · 후춧가루	약간씩

RECIPE

1 새송이버섯은 길게 1cm 폭으로 자른다. 쪽파는 다듬어 씻어서 5cm 길이로 썬다.

2 쇠고기는 얄팍하게 슬라이스한 것으로 준비하여 키친타월에 올려 핏물을 뺀다.

3 새송이버섯에 핏물 뺀 쇠고기를 돌돌 감아 나무 꼬치에 쪽파를 곁들여 꿴다.

4 양념장을 만들어 ③의 꼬치에 골고루 발라 잠시 간이 배도록 재운 후 팬에 포도씨유를 두르고 노릇하게 구워낸다.

POINT

쇠고기 불고깃감을 이용해서 만든 요리로 고기의 질감이 아주 얇고 길어야 버섯을 중심으로 말았을 때 모양이 잘 잡히면서 구웠을 때 속까지 빠르게 익는다.

INDEX

ㄱ

가자미뮤니엘 62
갈릭 콜파스타 158
갈릭젤리와 갈릭칩 132
갈비찜 118
감자수프와 고기채바게트구이 192
감자칩과 고구마칩 34
게살땅콩버터샐러드 25
게살크림페이스트카나페 78
고기소 새송이버섯구이 136
고기소보로카나페 82
골뱅이무침과 소면 148
과일치즈샐러드 28
구운 불고기꼬치 134
구운 소시지와 치즈딥 20
구운 토마토어니언 22
굴갈릭커틀릿 56
그린홍합 채소오븐구이 40
까망베르치즈 잡곡빵카나페 85
꽁치갈릭바게트 168

ㄴ

너트크림치즈와 크래커 109

ㄷ

닭안심꼬치 버터구이 169
두부올리브꼬치 96
등심구이와 당면샐러드 133

ㄹ

라이스페이퍼 치킨롤 100
레몬문어초회 142

ㅁ

마카로니 미니그라탱 52
멕시코풍 칠리토르티야 58
멜론프로슈토 61
모차렐라치즈 페퍼커틀릿 66
미니녹두전 124
미트 토마토소스스파게티 184

ㅂ

바나나레몬타르트 42
바삭두부샌드 150
발사믹소스 모둠채소구이 68
발사믹토마토졸임 60
방울토마토살사소스와 나초 26
배소스 너비아니 120
버섯스테이크말이꼬치 206
버섯치즈오믈렛 38
베이비립과 어니언살사소스 70
베이컨 마늘종말이 130
베이컨햄샌드 98
브로콜리 레몬치킨구이 188
브리엘치즈와 방울토마토구이 32

ㅅ

삼겹살튀김강정 126
삼치살꼬치튀김과 레디쉬샐러드 202
새우 쉬프림 30
새우 패주라이스 175
새우꼬치튀김 94
새우살크림라비올리 172
샤부채소말이와 땅콩파인소스 162
소시지 양송이버섯카나페 86
쇠고기다타키 194
슬라이스 햄과 파프리카말이 112
싹채소 살라미말이 110

ㅇ

아스파라거스 베이컨말이 92
애플 에그크레이프 48
애플시나몬구이 64
애플퓨레와 돼지고기오븐구이 180
양송이버섯 날치알오븐구이카나페 76
양송이버섯 소시지대파구이 144
에그오드볼 106
연어카나페 88
연어페이퍼롤 196
오렌지 파스타그라탱 46
오징어링 채소전꼬치 152
올리브치즈말이 108
와인삼겹살구이와 묵은지쌈 154
웰빙버섯볶음 두부카나페 80
유자소스 삼치 122
인도식 커리소스와 차파티 170

ㅈ

장어구이스시롤 174
중화풍 두부버섯볶음 204
중화풍 볶음밥 178

ㅊ

참치페퍼다타키 198
채소볶음 매운참치 182
치즈퐁듀 44
치킨데리야키 164

ㅋ

캐슈너트와 잔멸치 24
케사디야 50
케이퍼 새우카나페 90
코코넛 새우카나페 84
콘버터구이 36

ㅌ

타이식 쌀국수볶음 160
타이식 치킨샐러드 190
토마토브루스케타 54
통연어스테이크와 키위소스 176
튜나볼 104

ㅍ

파인애플로스트햄 72
포테이토포테이토 18
핑거휘시와 파인애플타르소스 114

ㅎ

해물마리네이드 200
해물파전 146
햄치즈카나페 99
허브연어구이꼬치 102
허브홍합찜 128
호박 해물스튜 166
훈제연어 꽃말이냉채 138
훈제오리와 과일샐러드 186

기타

LA갈비구이 140

KI 신서 1820
집에서 즐기는
와인과 요리

1판 1쇄 인쇄 2008년 12월 1일
1판 2쇄 발행 2008년 12월 22일

지은이 이보은(쿡피아) **펴낸이** 김영곤 **펴낸곳** (주)북이십일 21세기북스 **책임편집** 이여진 **마케팅** 주명석 **영업** 최창규
기획 · 진행 북케어(www.bookcare.net) **스타일링 어시스트** 서여진 **요리 어시스트** 최영미, 윤보라, 이근영
사진 Studio707(류창현, 어시스트 : 김정훈, 김광범) **디자인** 올디자인
와인 협찬 및 자문 금양인터내셔날(마케팅 전략부) **그릇 협찬** 아비아아뜰리에(010-6581-3339), 루크르제(02-3444-8805)
제품 협찬 다영푸드(www.dayoungfood.co.kr), Fontana(www.fontanastyle.com), LT(www.7et7.com), 드롱기(www.homecook.co.kr),
제스프리(www.zespri.co.kr), 한국교세라전공(www.kptk.co.kr), 임실치즈농협
출판등록 2000년 5월 6일 제10-1965호
주소 (우413-756) 경기도 파주시 교하읍 문발리 파주출판단지 518-3
대표전화 031-955-2100 **팩스** 031-955-2151 **이메일** book21@book21.co.kr
홈페이지 www.book21.com **커뮤니티** cafe.naver.com/21cbook

값 13,800원
ISBN 978-89-509-1639-8 13590

이 책 내용의 일부 또는 전부를 재사용하려면 반드시 (주)북이십일의 동의를 얻어야 합니다.
잘못 만들어진 책은 구입하신 서점에서 교환해 드립니다.